最新研究で迫る犬の生態学

菊水健史

X-Knowledge

はじめに

日本における犬の登録頭数は、600万頭超。愛犬家にとってはもちろん、飼っていない人にとっても、犬はもっとも身近な動物といえます。

人が初めて家畜として飼育した動物は、犬だったといわれています。歴史を振り返ると他にも様々な動物を家畜化してきましたが、なかでも犬は特別です。古来より人は、狩猟や牧畜の手伝いや、人や財産の護衛、愛玩目的など、様々な仕事を犬に与え、その目的に合わせて大切に繁殖、飼育してきました。人にとって犬は、信頼できる仕事の相棒として、愛すべき家族の一員として、他の家畜とは一線を画す存在です。

一方、犬にとっての人もまた、特別な存在といえます。

犬の祖先である野生のイヌ科動物は、もともと人と同じ生活圏内で付かず離れずの生活を送るなか、食糧や身の安全が保証されるというメリットから人との共生の道を自ら選びました。そして、長い共生の歴史のなかで、人とうまく付き合う方法を学び、人と共に過ごしたり働いたりすることに喜びを感じる「犬」へと進化を遂げました。

人と犬は、お互いを共生相手として選び合い、協力してパートナーシップを築き上げてきたのです。異なる動物種同士がこのように惹かれ合い、固い絆を結ぶケースは他にはありません。

本書は、そんな人類の最古にして最高のパートナーの行動や生態について、動物行動学の知見から読み解くものです。最新の研究によりわかった犬の驚くべき能力から、長く深い共生の歴史、犬が扱うボディランゲージ、おかしな行動にあらわれる複雑な心理まで。犬の愛おしさの秘密を知り、絆をより深めるためのヒントとしていただければ幸いです。

菊水健史

CONTENTS

PART 1 犬と人が結んだ絆 ～共生の歴史～

PART 2
犬の体は雄弁に語る ～ボディランゲージ～

PART 3
犬が抱える複雑なホンネ ～しぐさと心理～

デザイン：野本奈保子（ノモグラム）　イラスト・編集協力：さいとうあずみ
DTP：平野智大（株式会社マイセンス）　印刷：シナノ書籍印刷

最新研究

犬ってスゴイ！おもしろい！

愛する飼い主のことは「声」を聞けばわかる

飼い主の声を聞けば飼い主の顔をイメージできるという報告も

犬は優れた嗅覚の持ち主。様々なものをにおいで判断しています。当然飼い主のにおいも大好きですが、たとえにおいに頼らなくても、飼い主のことは「声」だけで識別できることがわかっています。

飼い主と他人の声を聞かせて飼い主を当てさせるテストでは、8割を超える犬が正解しました（p11）。この実験では、声の高さや低さ、大きさ、通りの良さなどを手がかりに飼い主を判別していると分析されています。

また、飼い主と他人の写真を見せながらそれぞれの声を聞かせる別の実験では、写真と声が一致しているときより一致していないときの方が、より長く見つめることがわかりました。飼い主から違う人の声がしたり、他人から飼い主の声がすることに矛盾を感じたため、注視時間が長くなったのです。つまり、飼い主の声を聞いたときに、飼い主の顔をイメージしているといえます。

声だけでも飼い主を感じられるなら、留守番中に電話や留守番用カメラ越しに話しかけることで、犬の寂しさをまぎらわせられる可能性もあります。

飼い主の声を判別するテストで8割以上が正解した

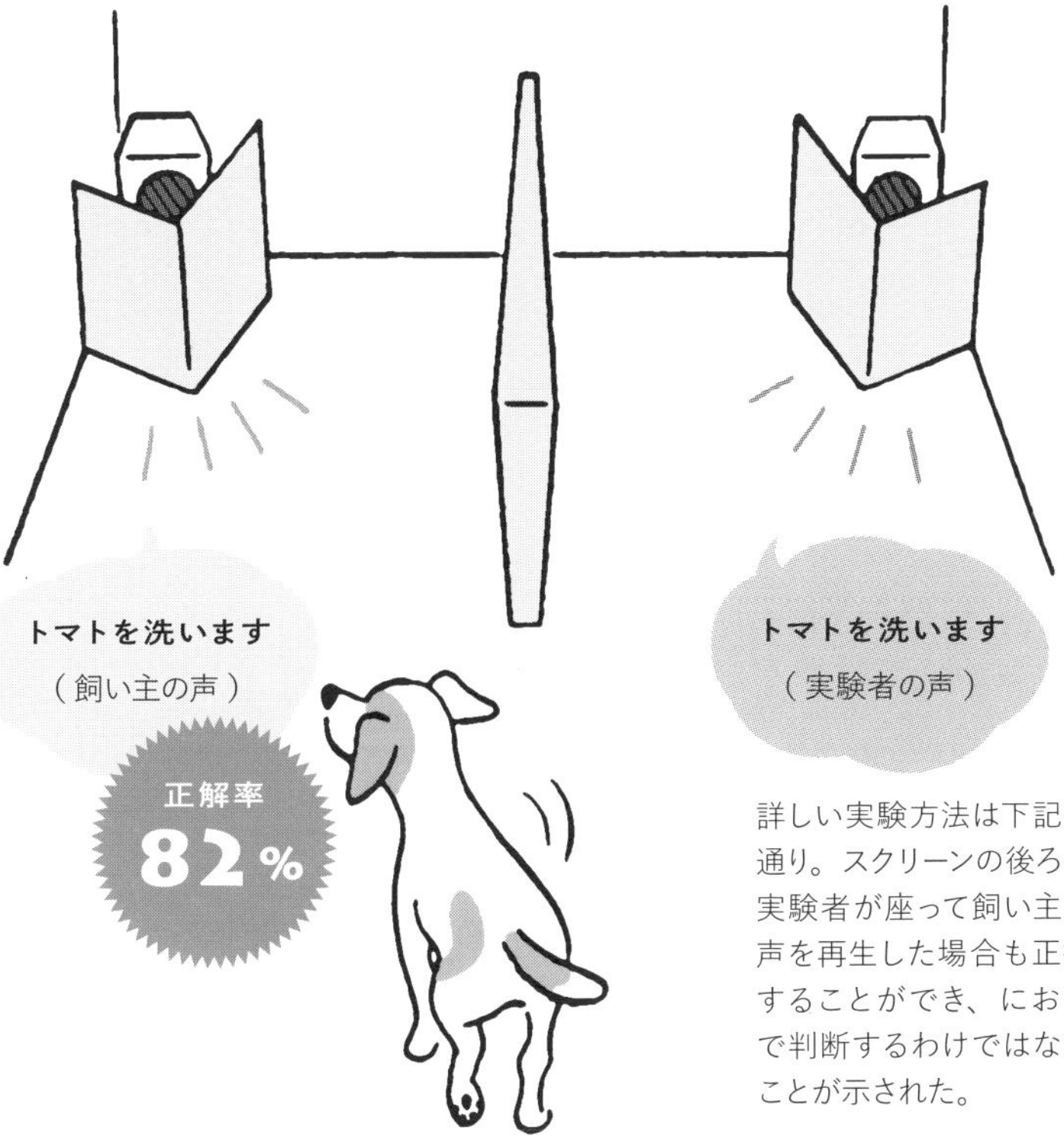

詳しい実験方法は下記の通り。スクリーンの後ろに実験者が座って飼い主の声を再生した場合も正答することができ、においで判断するわけではないことが示された。

最新研究レポート

ハンガリーの大学で行われた実験。まず、実験室の2つの角に立てたスクリーンの後ろに飼い主と実験者がそれぞれ座り、犬の名前を呼び「おいで」と指示。飼い主の方へ行った場合（正解）のみおやつを与えた。

次の段階では、スクリーンの後ろにスピーカーを置いて飼い主と実験者の声（どちらも料理のレシピを読むもので、犬にとっては意味のない音）を流し、飼い主の声の方へ行くかどうかをテスト。28組の犬と飼い主がそれぞれ複数回の実験をした結果、正解率（飼い主の声の方へ行った）は82%に上った。

見られていると「いい子ちゃん」に変身！

人の視線の有無から注意状態を知ることができる

飼い主の前では「マテ」ができるのに、飼い主が部屋から出ていくとやめてしまう。辛抱が効かないと思われるかもしれませんが、これは近縁種であるオオカミは持っていない、犬ならではの能力の証でもあります。

犬は、人の視線に対してとても敏感。目の前に餌を置いて待たせる実験では、人が見ているときより見ていないときの方が、餌を食べてしまうことが多くなるという結果が出ました（p13）。これは、人の視線やその向きから、自分に対して注意を向けているかどうかがわかるということを意味します。言葉が通じない者同士が円滑にコミュニケーションを取るためには、視線を感じ、シグナルを受け取る力が欠かせません。スムーズな共生生活のために、人の視線により敏感な犬が選ばれ交配させられてきたとも考えられます。

ちなみに、2017年にイギリスの大学で行われた実験によると、犬は人から見られていると、かわいいしぐさ（尻尾を降る、かわいい表情をするなど）をよりたくさん行うこともわかっています。

飼い主の視線が外れていると誘惑に負けてしまいがち

目の前に餌を置いて「マテ」と指示。その状態で飼い主が後ろを向いたり部屋から出たりして視線を外すと、指示に背いて餌を食べることが増える。

最新研究レポート

犬に目の餌を置いてそのまま待たせるテストで、実験者が見ていないときと見ているときでは明らかに異なる行動が見られた。実験者が見ていない（後ろを向く、正面を向いているが目を閉じる、他のことに注意を向けている、部屋を出ていく）ときは、実験者が見ているときに比べて、餌を食べてしまうことが多くなった。

ボールを投げ、持ってくるように指示してから実験者が後ろを向くと、犬は実験者の正面に回り込んでボールを渡すという実験結果もある。

目線一つで飼い主を思い通りにできる!?

目的達成のために飼い主の視線を誘導する

閉まったドアの前で「開けて」と振り返られたり、空になった容器に「水を入れて」と見上げられたり。犬から助けを求められるような行動を、日常的に経験している飼い主は多いことでしょう。目的を達成するために、飼い主と対象物を交互に見て、視線を誘導しようとしているのです。

これは、犬の近縁種であるオオカミではまず見られない行動。ふたを固定した容器を提示して反応を見る実験（p15）で犬とオオカミを比較したところ、ほとんどの犬が容器と実験者を交互に見た一方、オオカミはテスト中に実験者の方を見ることはなく、自力でふたを開けようとしました。自分の視線で人の視線を誘導する能力は、犬が人と共生し、改良される過程で身につけたものだといえます。

こうした視線の誘導は、人の赤ちゃんが親に対して行うものと同じ。視線を誘導して同じものに注意を向けることを「共同注意」といい、協調性や共感性など、集団生活をスムーズに送るために重要な性質に関わるものです。

自分の視線によって
飼い主の視線を誘導できる

自分ではふたが開けられない容器を前にすると、容器と飼い主を交互に見て注意を向けさせ、ふたを開けてと訴えかけるような行動をとる。

最新研究レポート

ふたつきの容器の中に餌を入れ、開ければ食べられることを覚えさせてから、ふたを固定した容器を見せるテスト。多くの犬は開始後すぐに実験者に視線を送り、さらに容器と実験者を交互に見て、実験者の注意を容器に向けさせようとした。

また、同じように飼い主の手を借りることが必要とされる課題で室内飼育の犬と外で飼われている犬を比較した実験では、室内飼育の犬の方がより飼い主を見てコミュニケーションを取りたがったという結果も報告されている。

飼い主の顔色を読んで行動できる

顔の上下半分の画像だけで「笑顔」と「怒り顔」を見分ける

犬は飼い主の全体的な様子から、状況を判断します。しかし、文字通り飼い主の「顔色」を見て、喜びや怒りなどの情動を読み取ることもできます。

犬は「笑顔」と「無表情」を見分けられることが、研究によってわかっています。さらに、顔のどの部分を手がかりにして表情を識別しているかを調べるテストでは、顔の上下半分の画像だけで「笑顔」か「怒り顔」かを見分けられたこと、また、犬にとって初めて見る人の顔画像でも同じように見分けられたことから、単なる目や口の変化だけを捉えているのではなく、それらが示す「表情」を手がかりに識別していることがわかったのです。

また別の実験では、ネガティブな表情や声より、ポジティブな表情や声を出している飼い主により近づいたという結果も（p17）。不機嫌な人に近づいてもいいことはありませんし、機嫌の良い人の側にいればおやつをもらえるかもしれません。人の表情を読み取って情動を理解する力は、うまく共生するために必要な能力として身についたものだと考えられます。

笑顔と怒り顔を区別することができ、表情の意味もある程度理解する

新しい物体に対して、飼い主がネガティブな表情や声を出しているときよりも、ポジティブな反応をしている場合に飼い主をよく見つめ、物体にも近づく。

最新研究レポート

2014 年に発表された研究では、見たことのない物体に対して飼い主がポジティブな表情や声を出しているとき、犬は飼い主をより多く見つめ、物体にも近づくことが示された。さらに、同じ実験を見知らぬ人と行った場合と比較すると、見知らぬ人に比べて飼い主の方をより見つめ、物体にもより積極的に近づくという結果が出た。

つまり、人の表情やそこからわかる感情を手がかりに自分の行動を決めており、相手が飼い主であるとよりその傾向は強くなることがわかった。

「指さし」を理解できる唯一の動物？

愛犬家にはおなじみの行動が、実は「すごいこと」だった

犬がお気に入りのおもちゃを探していたので、「あっちだよ」と指をさして教えると、犬は指さされた方を見ておもちゃを見つけた――。一見何でもないやりとりに思えるかもしれませんが、実はすごいこと。人の指さしを手がかりとして行動するのは、どの動物でもできることではないのです。

2つの容器のうち餌を隠した方の容器を実験者が1、2秒指さし、犬が選択できるかをみるテストでは、ほとんどの犬が指さしされた方の容器を選ぶことができました。しかも、容器を離れた場所に置いたり、腕を交差するようにして指さしの示し方を変えたりした場合でも正解できたといいます。

指さしを手がかりとした行動は、犬の他には、ヤギやウマ、ネコなどの家畜もできると報告されています。また、トレーニングを受けたオオカミの子どもや、幼い頃に人間によって社会化されたオオカミもできることがわかっています。犬が家畜化の過程で身につけた能力であり、学習の影響を受けるものでもあるといえるでしょう。

指をさす方向に注意を向ける「共同注意」ができる

飼い主が指さした方向を探すことができる

投げたボールを見失っても、飼い主が方向を指し示すと、そちらを一緒に見て、探しに行くことができる。ウマやネコなども、同様のことができるといわれている。

最新研究レポート

愛犬家にとっては当然の行動だと思われていた、犬の「指さし理解」。チンパンジーをはじめとする霊長類にはできないことから、人だけが特別に持っている能力だと当初は考えられていた。

しかし、2002年に発表された指さしテスト（p18）の結果では8割を超える犬が正答し、犬もできるということが大々的に証明された。この研究を皮切りに、犬と人のコミュニケーションや犬の認知機能についての研究が盛んに行われるようになった。

チンパンジーよりコミュ力高し！

コミュニケーションタスクにおいてチンパンジーより優秀

犬と人が、種が異なる動物同士にも関わらず、同じ手段（視線、指さしなど）を用いてコミュニケーションを取れるというのは先述の通り。犬が手がかりにできる手段は他にもあります。餌を隠した容器の実験（p18）で、餌を入れた方の容器をのぞきこむジェスチャーを試したところ、犬はほぼ正解することができました。驚くべきことに、こうしたコミュニケーションタスクにおいては、犬はチンパンジーよりも成績優秀といわれています。人との共生の歴史の中で培われた能力なのでしょう。

ちなみに、犬は、他の犬の利益になる行動ができるといわれています。レバーを引くことで隣のケージにいる犬におやつを与えられる装置を用意すると、多くの犬がレバーを引き、さらに相手が仲良しの犬だとより多くレバーを引いたという報告があります。一方チンパンジーでも似たような実験を行ったところ、他のチンパンジーの利益不利益がかかっていたとしても、行動に変化は見られなかったといいます。

のぞきこむジェスチャーが何を意味するのか理解できる

2つの容器のうち、餌を隠した方の容器をのぞきこんだり、顔だけを向けたりして、餌が隠された容器を当てさせるテスト。

視線の意味を理解して、
おやつがある方を
選べる？

【 2歳児 】　【 犬 】

容器をのぞきこんだときは正答でき、顔を向けているものの視線が外れているときは選ばなかった。

【 チンパンジー 】

のぞきこんでいるときも顔を向けているだけのときも、同じように顔が向いている方の容器を選んだ。

最新研究レポート

2つの容器のうち餌を隠した方の容器を選択させるテスト（p18）と同じように、2つの容器を用意し、片方に餌を隠す。実験者は真ん中に立って、餌が入っている容器をのぞきこむ。のぞきこむ行為の比較として、餌が入っている容器の方に顔を傾けるものの目線は上、という姿勢でも試した。

2歳児と犬は、目線が上を向いている場合は「容器を示されていない」と理解して、選ばなかった。つまり、単に顔が向いた方を選ぶのではなく、のぞきこむという行為の意味を理解して行動していることがわかった。

数えることはできないが量の大小には気づく

特に訓練をしなくても量の違いは敏感に察知

犬のおやつをいつもより減らすと、まるで気づいているかのように悲しい顔をされるもの。犬は計算ができるのでしょうか。

犬は数を数えたり計算したりはできないものの、量の違いには気づきます。2019年に発表された研究結果によると、犬は特に訓練をしなくても、2～10の数の大小を比べることができるといわれています。

ちなみに、19世紀末のドイツでは、飼い主が出す計算問題に地面を叩く回数で答えるハンスという馬が話題になりました。しかし実際は、ハンスには計算能力はなく、出題者の無意識の期待反応などを手がかりに解答していたことがわかりました。このことから、動物が周囲の人間の様子を察知することでその通りに行動しようとすることを「クレバーハンス効果」といいます。

クレバーハンス効果は、犬にもよく見られる現象。ハンスのように飼い主の反応を手がかりにして計算問題に答えたり、警察犬が臭気選別の際に訓練士の反応に影響されて正しい鑑定ができないといった例があります。

大差は見比べて気づけるが 僅差は迷ったり気づかなかったりする

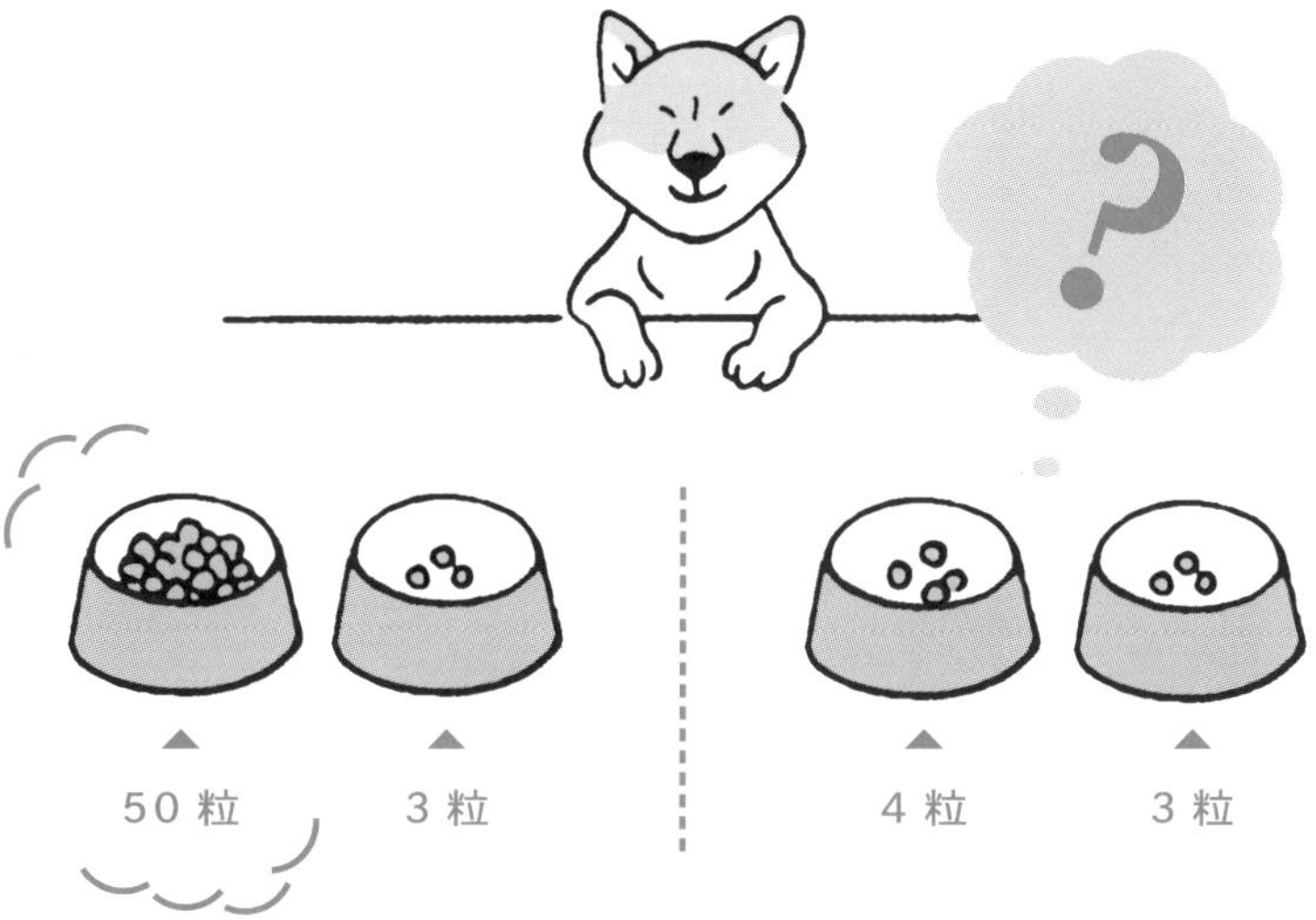

ごはんの量に差をつけて実験をすると、明らかに多い方を選ぶことができる。ただし、差が小さい場合は、選択に時間がかかったり間違えたりする。

最新研究レポート

衝立の後ろにおやつを２つ隠し、衝立を取り除いたときに１つや３つにする実験を行ったところ、予想外の結果だったせいか、おやつを注視する時間が長くなった。このことから犬は「1 + 1 = 2」ということを理解しているとも考えられるが、数ではなく量の違いに気づいて注視した可能性もある。

量の大小には基本的に気づくことができる。２つのごはんの量に大差があると多い方を選べるが、わずかな差しかない場合は違いに気づきにくく、多い方を選べないことがわかっている。

マジックも楽しめる。いるはずの飼い主がいないとびっくり！

見えなくなったボールも探し続けることができる

「物の永続性」とは、物体は一時的に見えなくなったとしても存在し続けているという物理の法則のこと。人間の場合は生後6ヵ月頃で理解するといわれていますが、犬もまたこの法則を理解しています。

例えばボール遊びをしている際に茂みの向こうに飛んでいってしまったら、落ちたと思われる場所に探しに行こうとするもの。これは、ボールがなくなったわけではなく、存在し続けていることを知っているからです。また、犬の目の前で飼い主が毛布で姿を覆い、毛布を離した瞬間に隠れると、いるはずの飼い主がいないことにびっくり。物理の法則を理解しているからこそ楽しめるマジックです。

物の永続性は、犬の他、チンパンジーなど知能の高い霊長類、ネコ、クマなども理解しているといわれています。犬にとっては、茂みに隠れて逃げる獲物を追いかけたり、ハンターが撃ち落とした鳥の行方を探すなど、狩猟において欠かせない認知能力だったと考えられます。

いったん視界から消えたとしても
依然としてそこにあることが理解できる

見えなくなったからといって、
なくなったわけではない

投げたディスクが障害物の向こうに隠れたとしても、飛んでいく方向を予測して追いかけることができる。

最新研究レポート

犬は、物陰に消えた物体のことを、どの程度覚えていられるのだろうか。犬は短期記憶（少し前に起きたことを覚えていること）が苦手で、10 秒程度しかもたないといわれる。しかし、物体が消えた場所をどれくらい覚えていられるかを調べる実験によると、最大で 4 分程度記憶することができたといわれている。

一方、食べ物が隠された場所を思い出す実験では、30 分後でも覚えていられるという説もある。

優れた方向感覚。地球の磁場に合わせて用を足す

排泄にも帰り道にも地軸の向きが関係している

渡り鳥やクジラ、昆虫など、一部の動物が地球の磁場を感知できることは知られていますが、犬もまた磁場を感じ取る能力があるといわれています。

2013年に発表された研究によると、犬は排便前にグルグルと回って南北軸を探し当て、それに沿って排泄することがわかりました。

また、2020年には、27匹の犬にGPSを取り付けて帰巣行動を記録した実験から、犬たちが南北の軸を感知することによって、もと来た道よりも効率の良い新ルートを見つけて帰ることができることがわかっています。犬は方向感覚や空間定位能力が優れており、数回行っただけの公園や散歩道もすぐに覚えてしまうものですが、これは体内にあらかじめ備わっている磁気センサーのおかげかもしれません。

他に、磁場を感じる成分を目の細胞内に持っていて磁場を見ることができる、という説も。ちなみに、人間も磁場を感知する能力を持っていますが、どこに活かされているのかは不明といわれています。

南北軸を確認できる磁気センサー。
犬以外の動物も備えている

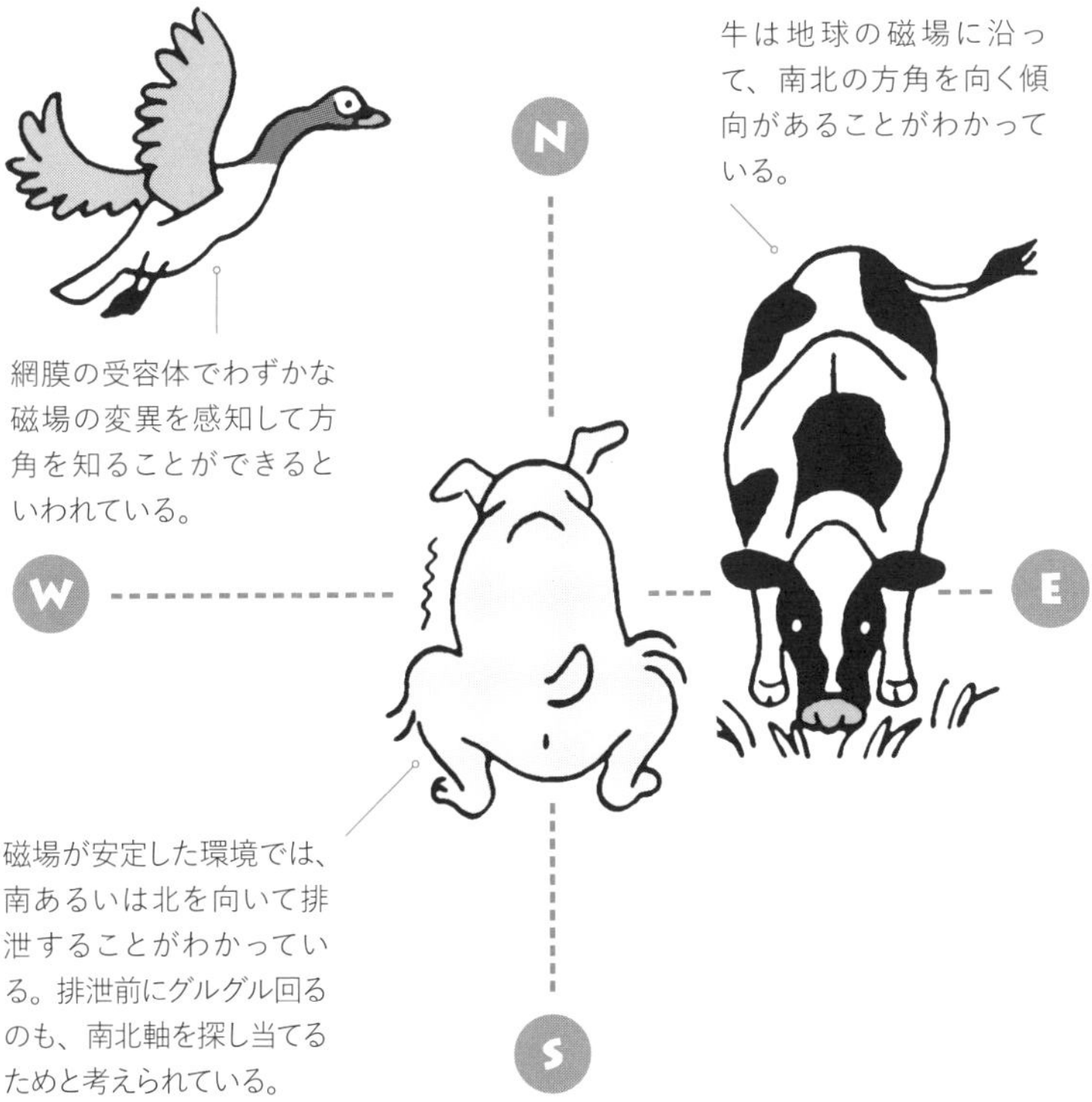

牛は地球の磁場に沿って、南北の方角を向く傾向があることがわかっている。

網膜の受容体でわずかな磁場の変異を感知して方角を知ることができるといわれている。

磁場が安定した環境では、南あるいは北を向いて排泄することがわかっている。排泄前にグルグル回るのも、南北軸を探し当てるためと考えられている。

2013年にチェコとドイツの研究チームが、犬には磁場を感じ取る能力があり、排泄時には南北の地軸に体を沿わせることが多いと発表した。研究では、37犬種70匹の犬の排便1893回と排尿5582回を、約2年間にわたって観察。磁場が安定した環境であれば、南北のどちらかを向いて排泄する確率が高いことがわかった。

　ちなみに、ウシなど一部の草食動物も地軸に沿って草を食べるといわれているが、理由は定かではない。

飼い主や仲間をお手本にして行動できる

単なる模倣ではなく適切な場合にのみ模倣できる

子犬は、母犬やきょうだい犬の行動を見て、真似をすることで社会での適切なふるまい方を学んでいきます。これを「社会的学習」といいます。自分だけで試行錯誤して学ぶよりも、他の犬を真似ることによって、よりスムーズかつ安全に学習できるというわけです。同種間で真似して学習することは他の動物でもよくあることですが、犬は同種間だけでなく、種の異なる飼い主の行動も真似ることができます。多くの犬が苦手とする迂回テスト（p29）でも、人に手本を見せられた後では格段に成功率が上がることがわかっています。

しかも、単純に人の行動を真似ているわけではなく、適切な場合にのみ真似することもわかっています。犬の目の前で、人が机の上のボタンを頭か手のどちらかで押してみせる実験では、手の使えない状況下で頭でボタンを押しても真似しないものの、手も頭も使える状況で頭でボタンを押すと真似をするという結果が出ました。前者は「手が使えないから頭で押した」と考え、真似をしなかったのだと考えられます。

人間が手本を示してみせると、課題の成功率がぐんと高くなった

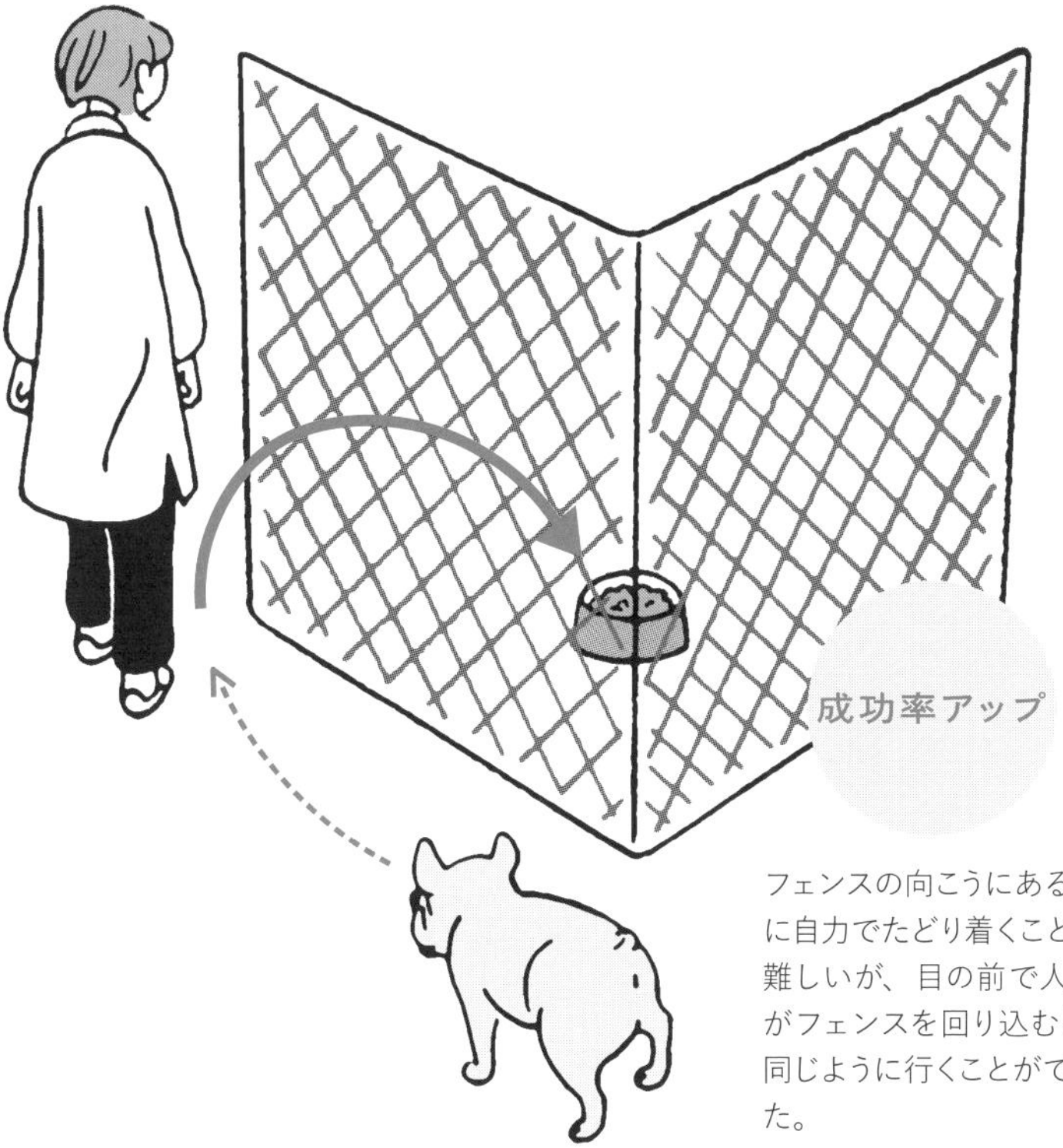

フェンスの向こうにある餌に自力でたどり着くことは難しいが、目の前で人間がフェンスを回り込むと、同じように行くことができた。

最新研究レポート

V字型のフェンスを設置し、犬がV字の頂点の位置にいるときに、フェンスの向こうに餌を置く。フェンスを迂回すると餌に到達できるが、多くの犬は「直接行けるはず」という思い込みが働き、課題をクリアするのが難しい。しかし目の前で人間が迂回する様子を見せると、真似して回り道ができるようになることが多い。このテストで犬種による成功率を調べた研究では、牧畜犬やレトリーバーなど人と協力して働いていた犬種は成功率が上がるが、テリアや視覚ハウンドなど独自に狩りをしていた作業犬種は変わらなかった。

最大1000個以上!? モノの名前を聞き分けられる

驚異の聞き分け力と記憶力。消去法も使用できる

犬の聴覚は優秀。人には聞こえない高周波の音を聞くことができるのは知られていますが（p92）、聞き分け能力も高いことがわかっています。

有名なのは、ボーダー・コリーのリコ。飼い主との「持ってこい」遊びを通じて200個ものアイテムの名前を聞き分けて覚え、指示通りに持ってくることができたといいます。これは、言語訓練を受けたチンパンジーやオウム並みの語彙力であるといえます。しかもその能力を試す実験では、見慣れたアイテムの中にリコが知らないアイテムを一つ混ぜてその名前を伝えると、「見知らぬアイテム＝聞きなれない名前」と推察し、消去法で選ぶことができたのです。

その後アメリカでも、同じような訓練の末になんと1000個以上のものの名前を覚えたボーダー・コリーが登場しています（p31）。

犬は人とのコミュニケーションに音声を使ったためか、オオカミに比べるとかなり複雑な吠え声のバリエーションを持っているといわれています。聞き分け能力が高いのも、そうしたことが理由かもしれません。

おもちゃの名前を1000個以上覚えた ボーダー・コリーの「チェイサー」

飼い主は、投げて「○○を持ってきて」というふうに遊びながらおもちゃの名前を教えた。3年間に渡る研究で、チェイサーは1000以上の名前を覚えることができた。

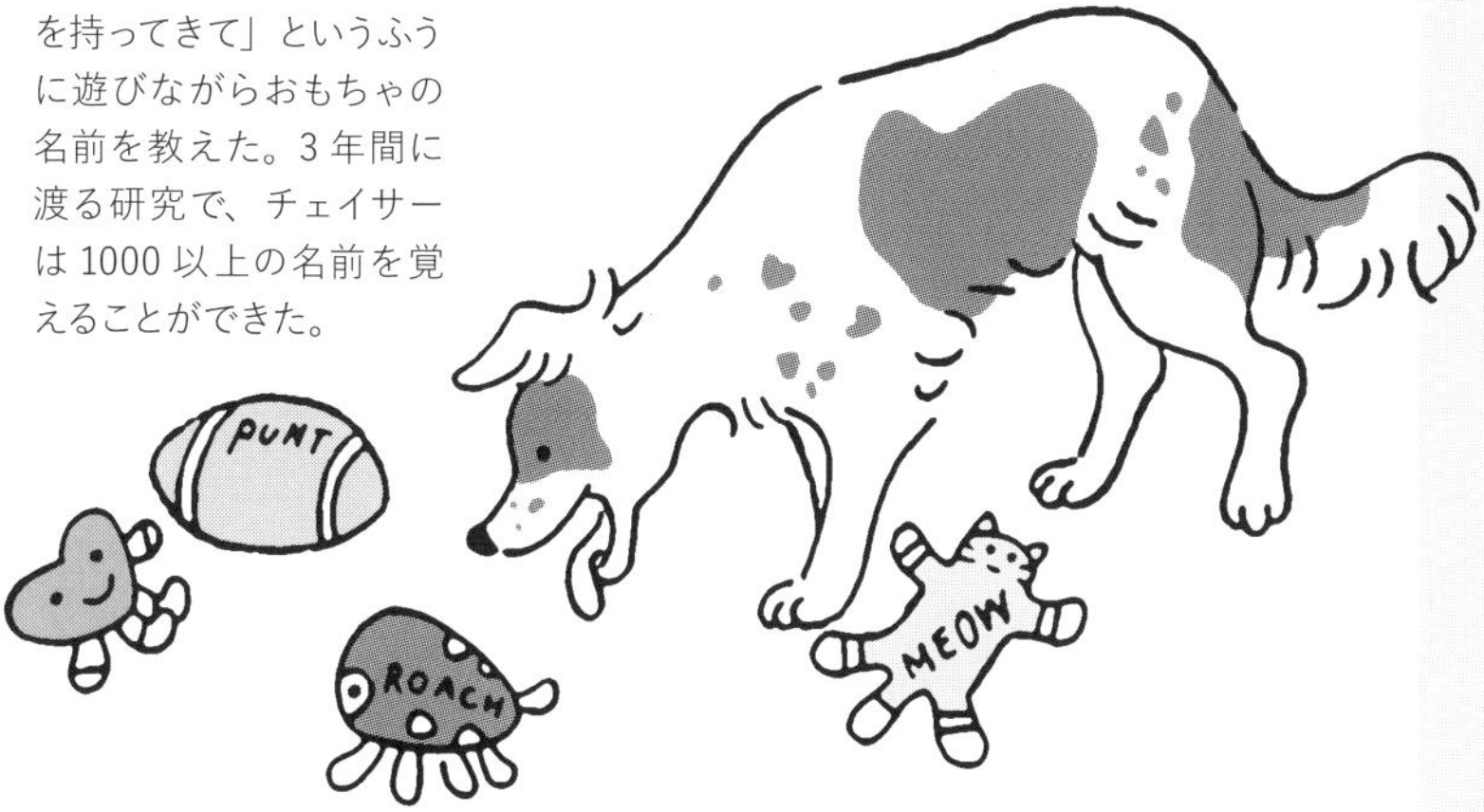

【テスト方法】

1. おもちゃを見えないところに置き、ランダムに10個選ぶ。
2. 10個のリストを飼い主に渡し、「○○を持ってきて」と指示を出してもらう。
3. チェイサーが探して持ってくる。
4. 正解ならほめて、おもちゃを遠くへ投げる。

最新研究レポート

「世界一賢い犬」と呼ばれるメスのボーダー・コリー「チェイサー」は、心理学者である飼い主との遊びの中で1日3時間の訓練を行い、1000以上のものの名前を覚えたことが、上記のような実験によって証明された。

ちなみに、単語を聞き分け覚える能力は、犬種による特性も影響しているといえる。ボーダー・コリーは、知力を駆使して人間と協力して羊をまとめていた牧羊犬ゆえに、訓練へのモチベーションが高く、これほどまでに多くの単語を覚えることができたのだと考えられる。

オオカミにはできない「あざと顔」で世話を焼かせる

目の周りの筋肉が発達して目元の表情が豊かに

ちょっと困ったような上目遣いで飼い主を見上げる、独特の表情。この顔をされるといたずらを許してしまったり、おやつのおかわりをついあげてしまったり……。犬の飼い主なら誰しも心当たりがあるのではないでしょうか。

この表情は、目の周りの筋肉がオオカミよりも発達したことでできるようになった、犬ならではのもの。眉に当たる部分が吊り上がって目が大きくなり、何かを訴えかけるように見えます。見る人の、守ってあげたい、世話をしたいという欲求を引き出す表情です。実際に、こうして人を見上げることができるシェルターの犬は、里親が見つかりやすくなるという報告もあります。

また、２０１７年に発表された研究によると、犬はオオカミに比べて人を見つめたり頼ったりすることが多いことがわかりました。さらに犬とオオカミの遺伝子を解析して比較した結果、ある遺伝子の変異が犬のひとなつこさに関わっている可能性があるともいわれています。特異的な目元の表情と生まれ持ってのひとなつこさで、上手に世話を焼かせるのだと考えられます。

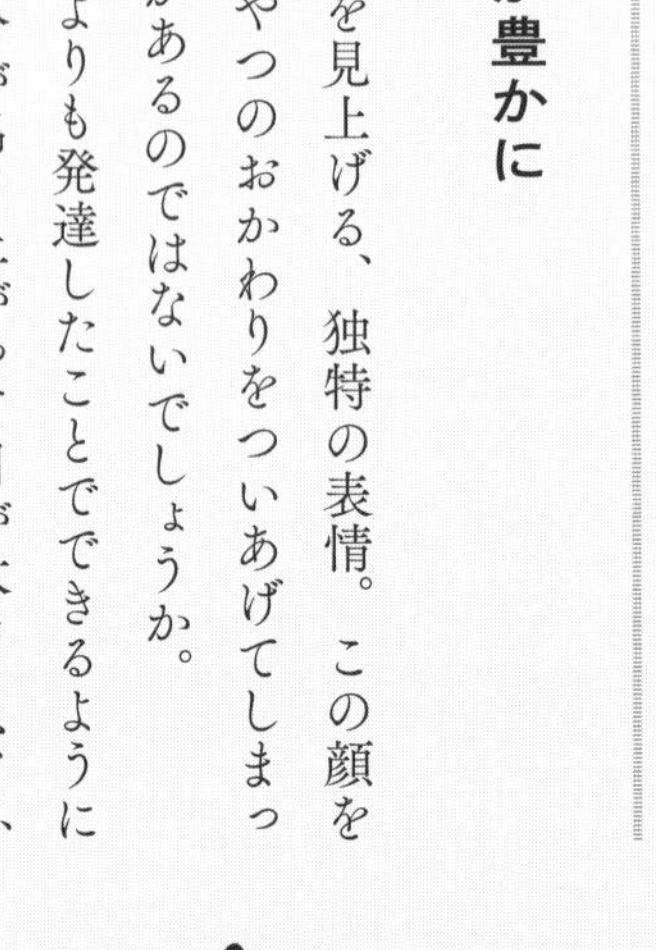

新しい表情筋を獲得したことで大きくてつぶらな目ができるように

目を大きくつぶらに見せるしぐさ。「かわいがってあげたい」という欲求を人間から引き出す。

オオカミに比べて、目の周りにある筋肉「内側眼角挙筋」と「外側眼角後引筋」が発達していることで、思わず守ってあげたくなるような表情を作ることができる。

最新研究レポート

2019年に発表された研究によると、オオカミに比べて犬の方が、内側眼角挙筋、外側眼角後引筋と呼ばれる目の周りの筋肉が発達していることがわかった。またこの2つの筋肉により、目元を表情豊かに見せるしぐさ「AU101」ができるようになったといわれている。犬は初めて会う人に対して、オオカミよりも多くこのしぐさを見せることがわかった。

「AU101」が上手な犬は人に保護されて子孫を残しやすくなるため、よりこの傾向が強まり続けていると考えられている。

うれし涙を流す姿に愛おしさが増す

犬も情動による涙を流すことが証明された

人の場合、眼球を守るための生理的作用としてだけではなく、悲しみや喜びによって感情が揺さぶられたときにも涙を流すもの。犬もまた感情的になったときに涙を流すことが、最近の研究で明らかになっています。

飼い主と犬の再会場面において犬の涙の量を調べた研究結果によると、他人との再会時では変化がないものの、信頼する飼い主との再会時には涙が増え、犬も「うれし涙」を流すことがわかりました。

また、犬の涙が人に与える影響についても興味深いことがわかっています。犬に人工の涙を点眼した写真と点眼前の写真を79名の人に見せ、どのような印象を持つかを比較。その結果、点眼後の写真を見たときに「犬を触りたい、世話をしたい」といったポジティブな気持ちを犬に対して持つことがわかったのです。

つまり、犬の涙は、飼い主の庇護欲に働きかけてお世話を引き出すもの。犬が身につけた「あざと顔」(p32)については前述の通りですが、同じように犬の涙も、長い共生の歴史において有利に働いたと考えられます。

飼い主との再会場面において犬の涙の量が増加した

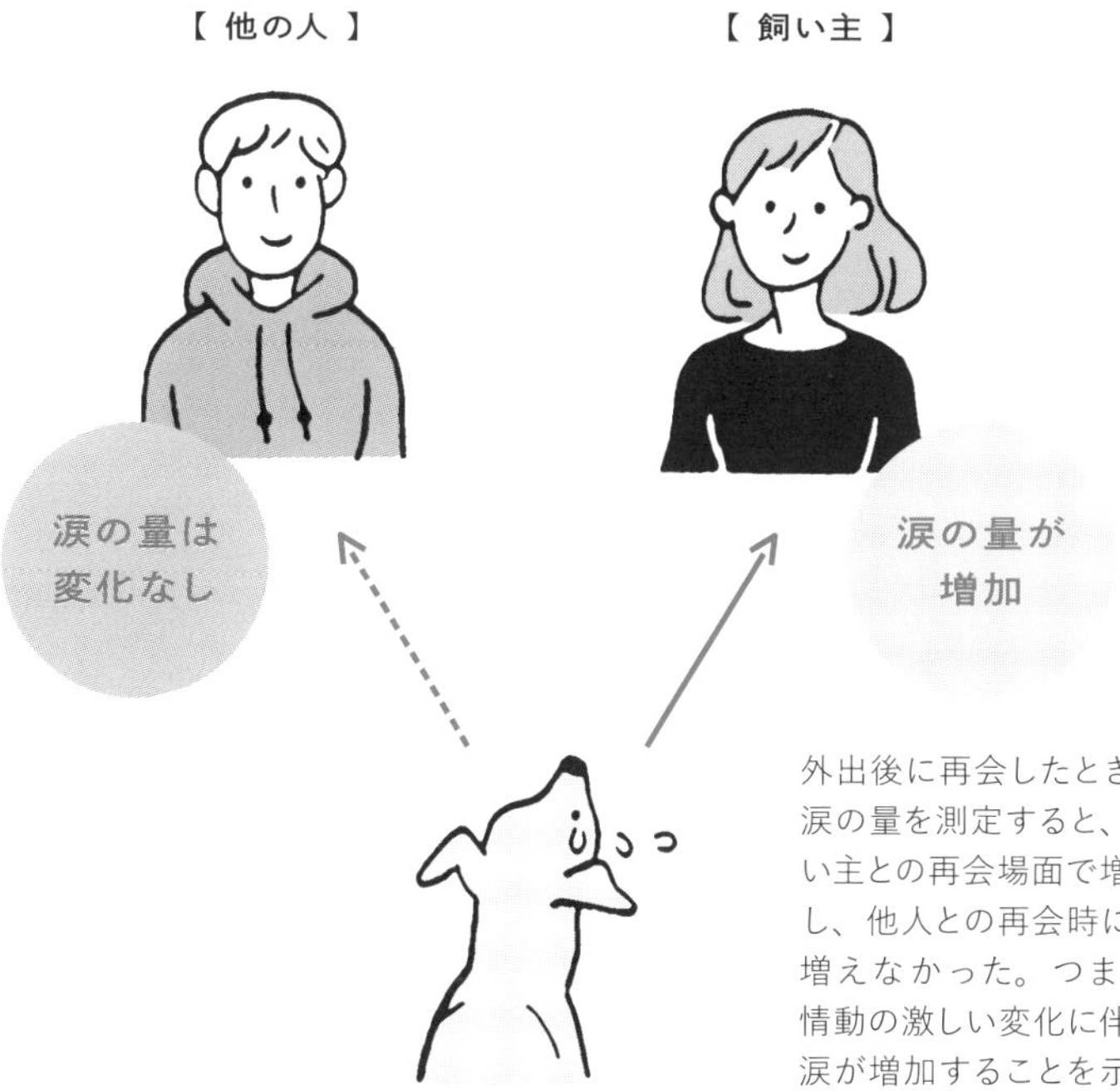

外出後に再会したときの涙の量を測定すると、飼い主との再会場面で増加し、他人との再会時には増えなかった。つまり、情動の激しい変化に伴い涙が増加することを示している。

最新研究レポート

調査では、飼い主と家でゆっくりしているときの犬の涙の量を測定。飼い主が外出してから5時間程度経ったのちに再会し、再度犬の涙の量を測定した。その結果、他人との再会時には増加せず、飼い主との再会時にのみ増加。つまり、犬の情動が激しく変化する場面において涙が増えることがわかった。

また、絆ホルモン「オキシトシン」（p40）を犬の眼に点眼すると涙が増加することから、再会時に飼い主と触れ合うことによってオキシトシン分泌が上昇し、その結果涙の量が増加したと考えられる。

えこひいきは許せない！　みな平等を重んじる

集団を維持するためには平等の精神が必要だった

犬の祖先であるイヌ科動物は、野生時代に群れを作って生活していました。集団で協力して狩りを行い、獲物をみなで分け合っていました。群れには序列があるものの、仲間を大切にし、平等であることは、群れを維持するためには重要なことだったのです。

そのため、仲間内で相手の犬に合わせて行動したり、気遣ったりする行動もよく見られます。遊びのなかで役割分担をしたり、散歩のときは一緒に歩いたり。2頭を一緒にランニングさせる実験では、足が速い犬はスピードを緩め、足が遅い犬はスピードを上げて、互いに歩調を合わせようとするという結果も発表されています。仲の良い犬同士であれば、利他的な行動を取ることも知られています（p20）。

一方、不平等は嫌います。同じ課題をクリアしているのに自分だけがおやつをもらえない状況が続くと、嫌悪反応を示します。この「不平等嫌悪」は、人はもちろん犬も、さらに集団で生活する動物全般に見られる反応です。

同居犬の一方だけにおやつをあげると もう一方は不満をあらわにする

一緒に暮らす犬に課題を与え、クリアできたごほうびとして片方だけにおやつを与えるようにすると、おやつをもらえない方の犬はいら立ち、課題に参加しなくなる。

最新研究レポート

ウィーン大学で行われた、2頭の犬にお手をさせて片方の犬だけにおやつを与える実験では、おやつをもらえなかった方の犬がいら立ち、言うことを聞かなくなるという結果が報告されている。

一方、おやつをもらえる方の犬は、相手がもらえないことに対して抗議したりはしないといわれている。人の場合の不平等嫌悪は、自分だけが有利な状態も多少嫌う傾向がある。人と犬の不平等嫌悪は、基本的現象は同じだが少し性質が異なるといえる。

「適当ほめ」と「本気ほめ」を見分けられる

単語とイントネーションで言葉を理解する

飼い主が語る言葉は、犬にはどのように理解されているのでしょうか。

普通に名前を呼んだり、ほめるようなイントネーションをつけて呼んだりしたときのｆＭＲＩ（ＭＲＩを利用して脳の機能や活動を観察するもの）の結果、名前を聞き分けるときには左の脳が、イントネーションを聞き分けるときには右の脳が活性化したことがわかりました。つまり、左脳で単語を、右脳でイントネーションを理解しているということ。これは人間の言語処理に関わる脳の部位と全く同じです。また、自分の名前をほめるようなイントネーションで呼ばれることで脳内の報酬系が活性化し、ドーパミンが分泌されて喜びを感じていることも判明しました。

このことからわかるのは、犬に伝わりやすいほめ方のポイント。ほめ言葉（「えらいい」「いいこ」など）を、ほめるようなイントネーションで伝えたときだけ、喜びが得られるということ。ほめ言葉でも不機嫌な声や平坦な声では伝わらないと考えられます。

「ほめ言葉」を「上機嫌な声」で聞くときに喜びを感じる

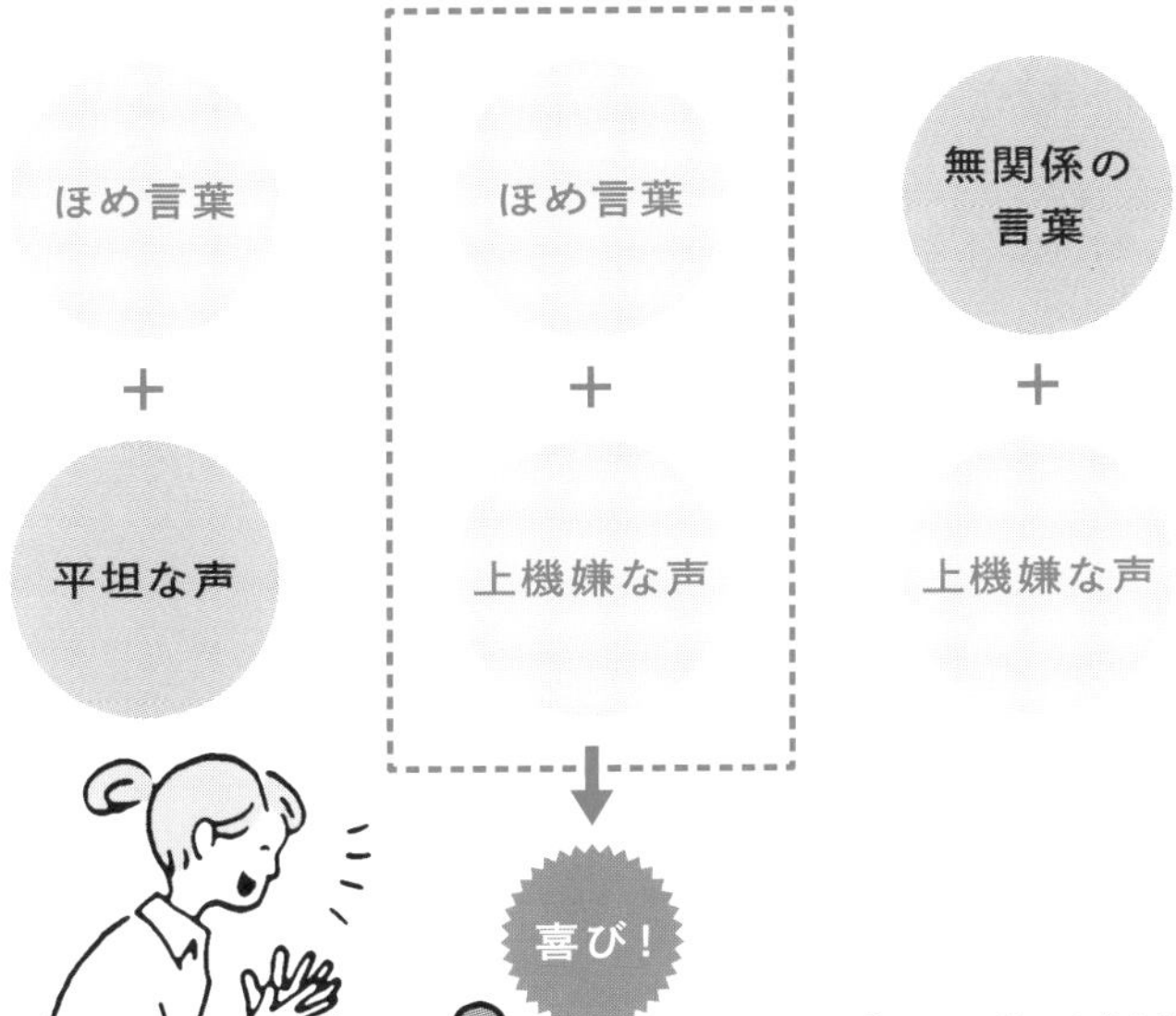

「ほめ言葉」を「上機嫌な声」で聞いたときに、単語とイントネーションが一致して脳の報酬系が活性化し、喜びを感じることができる。

最新研究レポート

fMRIは人の脳研究でよく使われる装置・技術。訓練により検査中に装置の中でも動かずじっとしていられることを身につけた犬によって、fMRIによる研究が進んでいる。

犬におやつがもらえることをハンドサインで教えて脳の状態を測定した結果、脳内報酬系を含む部位が活性化されたという。飼い主からのほめ言葉を聞かせたとき、飼い主のにおいを嗅がせたときも同じように活性化することから、飼い主の存在そのものがおやつに匹敵する報酬であることがわかった。

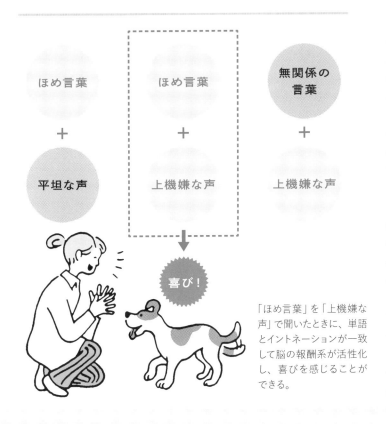

飼い主と犬の間には「愛のループ」が存在する

親和行動やホルモンを介して愛着が高まり合う

愛犬と触れ合っていると幸せな気持ちになるもの。これは気持ちの問題だけではなく、ホルモンが関わる「絆形成システム」のおかげです。

例えば、母親と子の間の絆を例として見てみましょう。出産時、分娩や授乳刺激によって絆ホルモン「オキシトシン」が分泌されると、子どもの世話をしたいというスイッチが入ります。一方、子どもは親に抱かれたり声をかけられたりすることでオキシトシンを分泌させ、親への愛着を深めることに。お互いの存在と行動を仲立ちしてオキシトシン分泌が高まり合い、やがて強い絆となるわけです。

2015年に、このオキシトシンを介した絆形成システムが別種の動物とも成り立つことが発表されました。犬と飼い主の間でも、見つめ合い、触れ合うことでお互いのオキシトシンが上昇し、幸せな気分になることがわかったのです。さらに、この現象は人とオオカミの間では認められなかったことから、長い年月に渡る人との共生の歴史の中で成り立つようになったと考えられます。

見つめ合い、触れ合うことで
絆形成システムが作動する

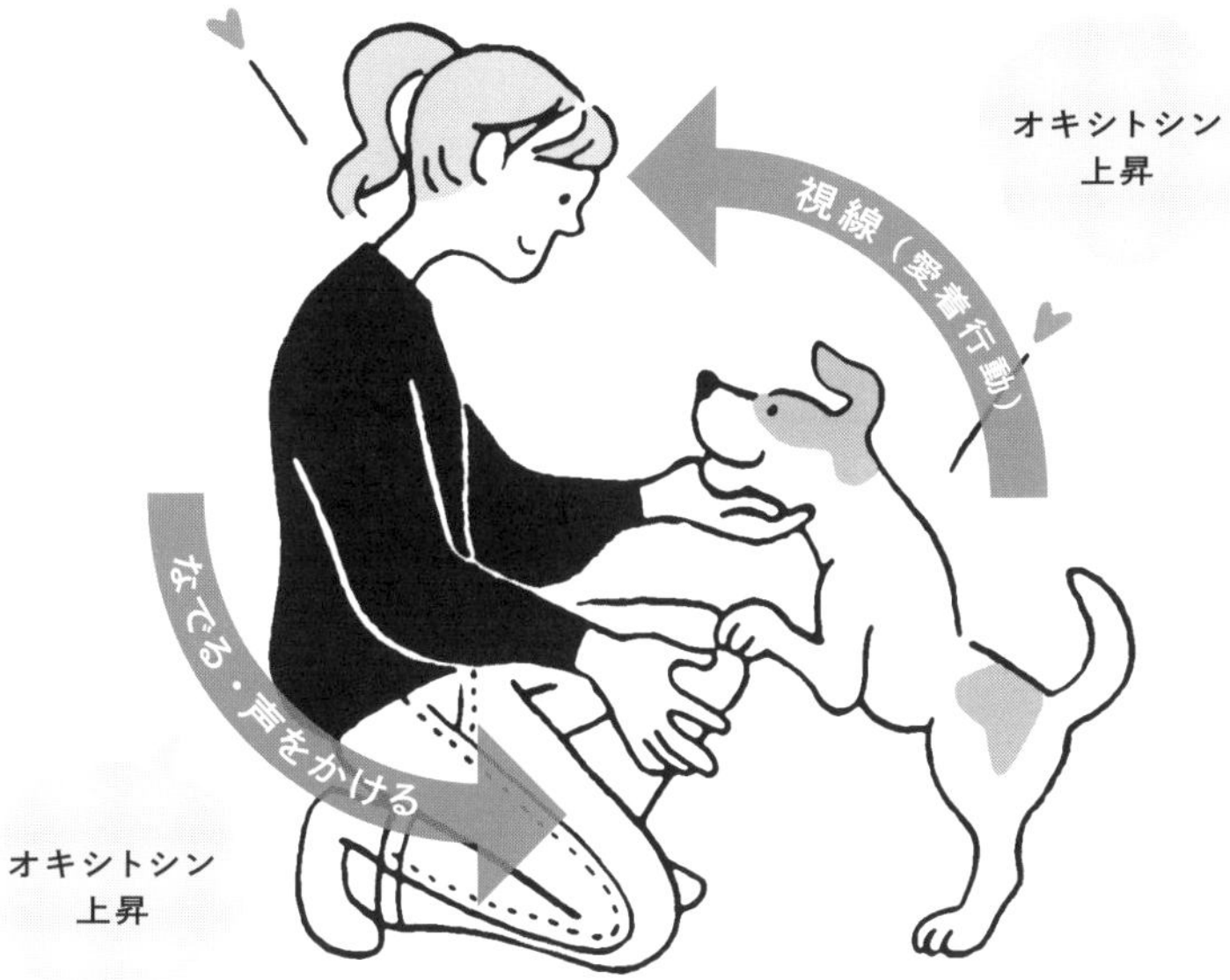

犬からの視線を受けて、飼い主のオキシトシン濃度が上昇。犬への声かけやスキンシップが増えると、かわいがられることによって犬のオキシトシン濃度もまた上昇し、さらに飼い主への愛着行動が増えていく。

最新研究レポート

オキシトシンは「幸せホルモン」とも呼ばれ、分泌時に心地よい気持ちを伴う。人と犬との間では、飼い主からの声かけやスキンシップ、犬からの視線や愛着行動を仲立ちにして、互いのオキシトシン濃度が上昇することがわかっている。

一説によると、子どもやパートナーとの触れ合いによるオキシトシン濃度の上昇率よりも、愛犬との触れ合いによって起こるオキシトシン濃度の上昇率の方が高いともいわれている。

犬と人は種を超えて家族になれる

犬と飼い主の愛着は人間の親子と同じ

犬と飼い主は、動物種は違うものの、人間の親子と同様の愛着関係を築くことができるといわれています。そのため、人の乳児と養育者の愛着を測定・タイプ分けする方法「ストレンジシチュエーション」を犬用に調整したテストを用いて、犬の愛着について調べる様々な実験がこれまで行われてきました。

結果としては概ね、犬は人間に対して、人間の幼児と同様の愛着を持っているという結論が出ています。また、犬は見知らぬ場所において、飼い主がいないときよりいるときの方が、知らない第三者とも積極的に付き合えるとされています。人間の幼児が、親がいる状況だと安心して周囲を探索したり他の人とも遊んだりするのと同じです。こうした愛着行動の傾向は、オオカミや猫など他の動物では見られないことから、犬特有のものといえるでしょう。

また、犬に限らずどんな動物であっても、近くにいて一緒に遊び、寝食を共にし、似たような行動を取るうちに、血縁でなくとも深い絆を築けることがわかっています。これは、犬と人が種を超えて家族になれることを意味します。

犬の仲間より飼い主のことを特別な存在と感じている？

【 一頭で残されたとき 】

コルチゾールの濃度

上昇

【 仲間の犬と残されたとき 】

コルチゾールの濃度

上昇

【 飼い主と残されたとき 】

コルチゾールの濃度

変化なし

知らない場所に連れて行き、ストレス度（コルチゾールの濃度）を調べると、1頭で残されたとき、仲間の犬と残されたときは上昇したが、飼い主と残されたときは上昇しなかった。

最新研究レポート

犬は多くの場合、見知らぬ場所に１頭で取り残されるとストレスを感じるもの。ストレスが多くなると、副腎皮質から分泌されるホルモン「コルチゾール」が増えるため、この濃度を測ることで、ストレス度を調査した。

結果、上記のように、１頭で残されたときと仲間の犬と一緒に残されたときはコルチゾールが増えたものの、飼い主と一緒に残されたときには変化はなく、飼い主の存在が安心感を与え、ストレスを軽減するものだということがわかった。

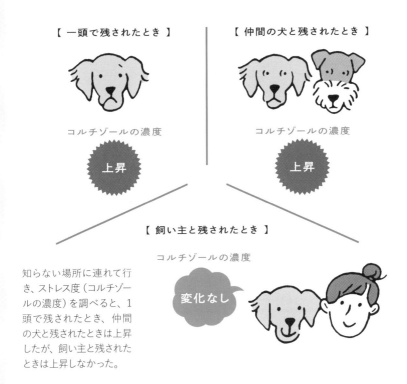

COLUMN 1

生まれながらにして犬を飼う運命！？犬好きは遺伝する

犬が好きな人の家庭では、その子どももまた犬好きに育つケースが多いもの。幼年期にペットと接した経験がある大人は、ペットへの関心が高く、飼育にもより積極的であるということはこれまでの研究で明らかになっています。しかし、環境だけでなく遺伝的な要因も関わっている可能性があるのです。

2019年に、「犬好き遺伝子」の存在を示唆する研究結果がスウェーデンで発表されました。研究では、双子研究のために登録されたデータを用いて、一卵性、非一卵性の双子ペアで犬の飼育における一致度を比較しました。その結果、一卵性双生児の方が非一卵性双生児よりも高い確率で一致したといいます。一卵性双生児はほぼ全ての遺伝情報が一致している一方、非一卵性双生児は一致する遺伝情報が半分程度であることから、「犬を飼うかどうかの判断に人の遺伝的構成が大きな影響を与えている可能性がある」という結論が導き出されたのです。さらに、遺伝の影響は、女性では57%、男性では51%と試算されています。

PART

1

犬と人が結んだ絆

～共生の歴史～

祖先はオオカミの近縁に当たるイヌ科動物。人と出会い、やがて「イヌ」となった

犬の祖先はオオカミ？ 飼いならしても犬にはならない

生物学上、犬は「イエイヌ」として、「ネコ目・イヌ科・イヌ属」に分類されています。

ネコ目の祖先は、約6500万年前～4500万年前に生息していたミアキスという小型肉食獣。森林や木の上で生活し、爬虫類や鳥、その卵などを主食としていました。やがて森林での生存競争が激化したことから、一部のミアキスが草原へと生活の場を移します。見晴らしの良い草原では天敵から身を隠しづらいため、走力で逃れられるよう、より筋肉質で足の速い動物へと進化しました。イヌ科動物の祖先の誕生です。ちなみに、ミアキスのなかでも森林に残ったものは、木登りに適した鋭い爪と長い尻尾を備えた動物へと進化し、ネコ科動物の祖先となりました。

犬の直接の祖先については諸説あります。過去には、「犬はオオカミから分か

ミアキス

イヌやネコを含む食肉目の祖先とされる。体長30cm程度。短い脚と長い尻尾が特徴。

れて誕生した」という説や、「人がオオカミの子を飼いならしたものが犬となった」という説がありました。しかし、世界中のイヌ科動物のDNAを集めて遺伝子を分析した調査により、犬とオオカミは3～5万年前に遺伝的に分岐したという説が有力とされています。また、人がオオカミを飼育した場合、社会化して警戒心は薄れるものの突然捕食行動に出ることもあり、完全に飼いならすことはできないといわれています。こうしたことから、犬の祖先はオオカミではなく、「オオカミと近縁にある野生のイヌ科動物」であるという説が今では有力です。

競争相手や狩りの対象から、パートナーへ

当初、人にとって犬の祖先は、同じ獲物を奪い合う存在であり、毛皮や食糧となる狩りの対象だったと推測されます。そのうちに、比較的穏やかな性質の個体が、人の食べ残しをあさったり、人から食糧を分け与えられたりしてなつくように。やがて人と共に暮らし、飼育、繁殖される「イエイヌ」となったと考えられています。

犬と人は約1万5000年前から共に暮らし始めた

【起源】

犬と人が共に暮らし始めた時期については諸説ありますが、およそ1万5000年前からといわれています。この頃の遺跡から、人に飼育されていたと考えられる子犬の骨の化石が見つかっています。

人に慣れた犬は、弓矢による狩猟で傷ついた獲物を追いかけたり仕留めたりする役割を担いました。また、外敵が近づくと吠えて危険を知らせることもあり、人の生活に役立つ存在でした。

犬にとっても、人の側にいることで食糧や身の安全が保障されるという利点がありました。犬の家畜化は、人と犬、どちらにとってもメリットの大きいものだったのです。

近年行われた遺伝子研究によると、犬の家畜化が起きたのは1度ではなかったといわれています。約1万5000年前のヨーロッパと約1万4000年前のアジア、2度に渡って起きたという説が有力です。

約1万5000年前の遺跡で、子犬と老人の骨が共に出土した。

遺伝子研究により明らかになる新事実

近年、盛んに行われている犬の遺伝子に関する研究により、
犬の家畜化が起きた場所や時期の特定の他、
様々な犬の行動特性の違いに関する新事実も明らかになっている。

犬の家畜化は主に２ヵ所で起きた

2016年に行われた調査では、先史時代の遺跡で発掘された犬の骨から、核DNAを採取してゲノム解析。さらに、現代の犬から採取した核DNAを解析して系統樹を作成した。

その結果、現代の犬は「ヨーロッパ系」「アジア系」の2系統に分けられるとされ、約1万4000年前にアジアで犬を家畜化した後、ヨーロッパに行き着いてさらに家畜化を進めたという「家畜化二元説」が提唱された。

行動特性には遺伝子的な要素が関係する

2022年に行われた調査では、世界中の4000頭以上の犬の核DNAをゲノム解析した結果、遺伝的に異なる特徴を持つ系統が10種類特定できたこと、さらに、行動特性が似ている犬種（例えば嗅覚ハウンドと視覚ハウンドなど）は同じ系統に属することがわかった。

つまり、犬種の行動特性には遺伝子的な要因があり、家畜化以降の意図的な交配によって培われたものではないと示唆している。

犬ってそもそもどんな動物？野性時代から備えている習性と能力

捕食動物」と、群れを作って集団で生活する「社会性捕食動物」に分けられますが、犬の祖先は後者。もっとも強いオスを頂点とした序列のある群れを作り、狩りや子育てを群れで協力して行います。リーダーへの服従心やコミュニケーション能力、仲間意識など、集団生活に必要な資質をあらかじめ備えていたことから、家族を基本単位として集団で生活する人との生活になじみやすかったと考えられます。

【起源】

イヌ科動物に共通する特徴としては、夜行性で、走るのが得意、地中の巣穴で子どもを育てることなどが挙げられます。野生時代から受け継いだ本能や能力が、人との生活のなかでは、困った問題行動や理解できない不思議なしぐさとしてあらわれることも。イヌ科動物の野生下での本来の姿を知ることは、犬の生態を理解するうえでは欠かせません。

また、イヌ科動物は、繁殖期以外は一匹だけで行動する「単独性

様々な行動パターンを、野生時代から受け継ぐ。

オオカミに見る野生下の特徴

オオカミは、犬の祖先であるイヌ科動物の近縁種。
犬が野生時代から受け継いだ特徴を知るためには、
オオカミの生活様式や習性が参考になる。

群れを作り集団で生活する

もっとも強いオスをリーダーとし、ペアとその子（5〜6頭）、出産しない複数頭のおとなのオオカミで群れを作る。メンバーはリーダーに服従し、狩りや子育てを協力して行う。

狩りをする

獲物は様々。イノシシなど大型の獣を狩るときは仲間と一緒に吠えたて追い詰める、鳥を狩るときは静かに忍び寄り飛びかかるなど、獲物に合わせたスタイルで狩りをする。

1日の大半を眠って過ごす

暗闇でよく見える目の構造をしている。獲物が活動し、かつ狩りに有利である夜明け前や夕暮れ時などの薄暗い時間帯に行動する。日中は巣穴で眠り、狩りに備えて体力を蓄える。

人為的に作られた「犬種」という概念。人との共生で多様な能力が育まれた

【歴史】

人と共に暮らすなかで、犬は多様な役割を担うようになりました。それに伴って人は、それぞれの仕事に適した特徴を備えた犬を選択的に交配するようになります。選択交配の歴史は古く、紀元前9000年頃の遺跡で発掘された骨の調査から、一緒に暮らす犬を「ソリ用」と「狩猟用」に分けて繁殖していたことがわかっています。

選択交配で作られた様々な犬が「犬種」として確立されたのは19世紀のこと。イギリスで愛犬自慢を起源とした犬の品評会が盛んになり、審査基準として、犬種ごとの容姿や性質の理想像をまとめた「犬種標準」が作られました。今ある犬種の多くはこのとき定められたものです。

今では、国際畜犬連盟（FCI）が独自のグループ分けを作り、355犬種を公認。本書では日本最大の犬種団体JKC（ジャパンケネルクラブ）のグループ分けを元に、特徴を紹介します。

大昔から役割に合わせて選択的に繁殖されていた。

犬が担った様々な仕事

獣や鳥の狩猟をはじめ、牧畜や警備、力仕事、害獣退治など、
野生動物の本能や持ち前の身体能力を生かして働いた。
一方、それらの特性があえて抑えられ、愛玩を仕事とした犬もいた。

獣猟

イノシシやシカ、キツネ、アナグマなどの猟を手伝った。獣のにおいを追跡したり、巣穴から追い出したりした。

鳥猟

カモやヤマシギ猟で活躍。草むらに隠れた鳥を探し出したり、猟師が撃ち落とした鳥を回収したりした。

牧畜

羊や牛などの家畜の群れをまとめたり、市場へと追い立てたりした。外敵や盗人から家畜を守る役目も担った。

警備

農場や住宅で番犬として飼育された。不審者を撃退し、主人やその財産を守る役目を担った。

闘犬

牛と犬を闘わせたり、犬同士を闘わせる競技で活躍。競技が禁止されてからは穏やかな性質に改良された。

愛玩

王族や貴族など上流階級の者にひたすらかわいがられることが仕事。宮殿や寺院の中で大切に飼育された。

力仕事

起伏の激しい土地で荷車を引き、荷運びを手伝ったり、寒い地方でソリを引いたりした。

害獣退治

農場や住宅で、ネズミやイタチなど小型の害獣を駆除するために飼育されていた。

牧羊・牧畜犬

家畜と寝食を共にして絆を深めることも。

知力と体力に溢れた働き者。人と協力して家畜をまとめた

家畜文化が盛んなヨーロッパやアジアにかけて、牧場や農場の仕事を助ける役目を担ってきた犬たちです。牧童の片腕となって家畜をまとめる仕事や、群れを護送したり、盗難や外敵から家畜を守るといった仕事に携わりました。

一口に家畜といっても、土地によって様々な種類やタイプがあります。多様な家畜文化に合わせて改良されたため、犬種もバラエティ豊か。家畜の周りを走り回る、後ろから吠えてプレッシャーをかける、にらみをきかせるなど、様々なスタイルで仕事をこなしました。

牧童の指示や家畜の動きに集中して機敏に反応しながら、牧場を走り回って働いたことから、賢く、頭を使うのが好きで、スタミナも抜群です。ヨーロッパでは今なお現役で活躍している犬も。家畜との信頼関係を築くため、子犬の頃から共に生活させることもあるといいます。

（　家畜のまとめ役の他、警護を担う役割も　）

頭を使うトレーニングを好む

家畜の世話をする人の動きに集中し協力して働くため、賢く、判断力がある。協調性も備えており、頭を使う作業やトレーニングを好む。

エネルギッシュで運動量が豊富

長時間走り回って家畜の群れをまとめたり、移動させたりする仕事を担うため、スタミナ抜群。飼育環境下でも運動はたっぷり必要。

動くものには敏感に反応

家畜を追って走り回っていたため、動くものに反応。車やバイク、走る人などを見ると、本能を抑えきれず追いかけてしまうこともある。

【 このグループの犬種 】

ウェルシュ・コーギー・ペンブローク ● ボーダー・コリー ● シェットランド・シープドッグ ● ジャーマン・シェパード・ドッグ ● オールド・イングリッシュ・シープドッグ ● マレンマ・シープドッグ

使役犬

ローマ時代の戦闘犬の血を引く犬種も。

屈強だが心やさしい力持ち。家族を守り、力仕事を手伝った

主に農場などで、荷車引きや害獣駆除、不審者や外敵を追い払うなど、様々な目的で使役されてきた犬たちです。山岳地帯で活躍した救助犬や、海辺で漁師の作業を手伝っていた犬、ローマ時代に戦闘犬として活躍したマスティフ系の犬も、このグループに属しています。

大柄で屈強な体、強面の犬種が多いのが特徴。このグループに属するミニチュア・シュナウザーやミニチュア・ピンシャーは、小型の愛玩犬として人気がありますが、彼らも元々は農場で働いていた大型犬のミニチュアタイプです。

タフな見た目に反して、人に使役されて様々な仕事に携わっていたことから、飼い主には忠実です。警戒心が強いので見知らぬ者に対しては吠えかかることもありますが、誰にでも攻撃的にふるまうわけではありません。守るべき飼い主や家畜にはしっかり尽くします。

（ 大柄と強面に似合わず飼い主には忠実 ）

体が大きくパワーがある

戦闘で活躍した犬をルーツに持つ犬種も多く、大柄で筋肉質。がっしりした体と大きな頭部を持つ。パワーがあり力仕事もこなす。

縄張り意識が強く番犬向きの気質

仲間である飼い主や、家畜、縄張りを守ろうとする意識が強い。見知らぬ者に対しては警戒し、寄せ付けようとしないため、番犬として優秀。

強面ながら飼い主には忠実

大柄で恐ろしげな風貌だが、人に使役されてきたことからむやみやたらと攻撃したりはしない。働き者で、飼い主には忠実に尽くす。

【 このグループの犬種 】

ミニチュア・シュナウザー ● ミニチュア・ピンシャー ● バーニーズ・マウンテン・ドッグ ● グレート・デーン ● セント・バーナード ● グレート・ピレニーズ ● ロット・ワイラー

テリア

かわいさと気の強さのギャップも魅力。

猛獣にも怯まず立ち向かう。狩りや害獣退治で力を発揮した

テリア種のほとんどは、イギリスで確立されました。テリアの主な仕事として農場などでの害獣駆除がありますが、元は地中に巣穴を持つアナグマやキツネの狩猟に携わる猟犬として発達した犬種。土地の形状や狩猟スタイルに合わせて、様々なテリアが作られました。

頑固で気が強く、スイッチが入ると一気に攻撃的になって抑えが効かなくなる独特の気質「テリア気質」も、猟犬ゆえに培われたものです。

狭い獲物の巣穴に潜り込めるように短足で小型に改良された犬種が多く、愛玩犬としても人気があります。かわいらしさと気の強さのギャップが、魅力の一つです。

なかには、エアデール・テリアのように、他の犬種との掛け合わせによって誕生した脚の長いタイプもいます。体高が高いため巣穴に潜ることはできませんが、テリア気質は健在です。

（ 小柄だが激しく強い気質の持ち主 ）

激しく吠え立て獲物や害獣に突撃

狩猟において吠えながら巣穴に飛び込んで獲物を追い出す役目や、農場のネズミ退治などを担った。よく吠え、運動量が豊富で、スタミナも十分。

勇敢で攻撃的な独特の気質

どう猛な獣がいる巣穴に飛び込むため、勇敢で気が強く、独立心旺盛。何かをきっかけに一気に興奮する気質は「テリア気質」と呼ばれる。

小柄な体型でペットとしても人気

狩猟で獲物の巣穴に潜り込めるよう、脚が短く、体高が低い犬が多い。ルーツは狩猟犬ながら、ペットとしてもかわいがられてきた。

【 このグループの犬種 】

ヨークシャー・テリア ● ジャック・ラッセル・テリア ● ケアーン・テリア ● ワイアー・フォックス・テリア ● ウエスト・ハイランド・ホワイト・テリア ● ミニチュア・ブル・テリア

ダックスフンド

大きさと被毛のタイプで９種類に分けられる。

特技は吠えることと巣穴潜り。ユニークな体型は狩猟で役立った

このグループは、一犬種のみで構成されている珍しいグループです。ダックスフンドには、３つのサイズ（スタンダード、ミニチュア、カニーンヘン）と、３種の被毛（ロングヘアー、スムースヘアー、ワイアーヘアー）があり、計９種類のバリエーションが存在します。

日本でよく知られているのはミニチュアサイズですが、ヨーロッパではスタンダードサイズが人気。今なお多くが狩猟犬として活躍しています。

ダックスは、ドイツ語で「アナグマ」を意味します。短足を生かしてアナグマの巣穴に潜り込み、獲物を見つけると吠えてその場に留め、ハンターに場所を知らせて真上から仕留めさせました。

また、シカやイノシシ猟では、足跡や傷から出た血のにおいを頼りに獲物を追跡してハンターの前に追い立てる、嗅覚ハウンド（p64）のような役割も担うこともありました。

（ 気の強さと協調性を兼ね備えている ）

よく通る大きな吠え声が特徴

嗅覚ハウンドのように、大きな声で吠えながら獲物を追う狩猟スタイルから、吠えるのは本来得意。多頭飼育では群れになって吠えることも。

獲物の巣穴に入りやすい体型

テリアと同様、狩猟において獲物の巣穴に潜り込む役目を担ったため、脚が短く胴が長い。独特の体型ゆえ、腰に負担がかかりやすい。

勇敢で気が強いが協調性もある

獲物の反撃を恐れず巣穴に飛び込む気の強さと、ハンターや仲間の犬と協力して狩猟を行うため協調性を備えている。ペットとしても愛される。

【 このグループの犬種 】

ダックスフンド（スタンダード、ミニチュア、カニーンヘン）

原始的な犬・スピッツ

クマやヘラジカなど大型獣の狩猟で活躍した。

祖先の容姿や性質の特徴を色濃く受け継いでいる

スピッツは、北ヨーロッパの言葉で「尖っている」という意味。オオカミに似た立ち耳と、尖ったマズル（口吻）が特徴です。品種改良があまり進まず、容姿や性質を大きく変えることなく犬種として続いてきたため、祖先である野生のイヌ科動物の特徴を強く受け継いでいます。

ただし、遺伝子構成の調査によると、このグループのなかでもポメラニアンなどの一部の犬種はヨーロッパの牧羊犬種に近い遺伝子構成であることがわかっており、グループの犬全てが原始的な遺伝子構成を持つわけではないともいわれています。

起源は、ユーラシア大陸。このグループのなかでも寒い地域で飼育されてきた犬種は、極寒に耐えるための豊かな被毛を持っています。

ソリの牽引や、クマやヘラジカといった大型獣の狩猟が主な仕事で、飼い主やその財産を守る番犬としても活躍していました。

（ 過酷な環境下で人々の暮らしを支える ）

改良が進まず 祖先に近い

スピッツ種は、遺伝子的にオオカミに近いといわれる。犬種の改良がそれほど進まず、祖先から身体的な特徴や性質を色濃く受け継ぐ。

寒さに強い 体を持つ

シベリアや北欧など寒い地域で飼育されてきた犬種は、厳しい寒さにも耐えられるよう分厚い被毛（ダブルコート）を持っている。

力仕事や 狩猟で活躍した

身体能力が高くスタミナもあり、ソリを引く犬として働いた。また、飼い主には忠実に従い、暮らしを守る番犬や猟犬としても活躍した。

【 このグループの犬種 】

ポメラニアン ● シベリアン・ハスキー ● 柴 ● 秋田 ● 甲斐 ● 四国 ● 紀州 ● 日本スピッツ ● チャウ・チャウ ● アラスカン・マラミュート ● キースホンド ● サモエド

嗅覚ハウンド

においを嗅ぎに夢中になりすぎることも。

優れた嗅覚を生かして集団で狩猟を手伝った

嗅覚ハウンドは、銃が発明される以前の狩猟で活躍していた古い猟犬です。優れた嗅覚を頼りに獲物を捜索、発見すると大きな声で吠えながら追い回し、ハンターの前に追い立てたり、最終的に仕留める役目を担っていました。

嗅覚ハウンドは、視覚ハウンド(p72)やマスティフ系の犬(p56)をルーツに持つとされ、その特徴から大きく2つのタイプに分けられます。

1つは、視覚ハウンドの特徴を色濃く受け継ぐタイプ。何十匹もの大きな集団(パック)で、スピードを生かして獲物を追いかけ、皆で倒しました。

もう1つは、マスティフ系の特徴を受け継ぐタイプ。足跡や血痕を頼りに、じっくり獲物を追跡しました。徒歩でついていくハンターが追いつきやすいよう、また、獲物を近場に留めるためにもゆっくりとした足取りが有利とされ、短足に改良された犬種もいました。

(広大な土地で自立的に狩猟を行った)

依存度が低く独立心旺盛

広大な土地でハンターから離れて自立して獲物を追っていたため、協調性はあるものの、飼い主に依存しすぎることはなく、独立心がある。

優れた嗅覚でにおいを追った

獲物のにおいを嗅ぎ取ったら、集団でひたすら追跡し、ハンターの前に獲物を追い立てたり、自分たちで仕留める場合もあった。

遠くまで聞こえる大きな吠え声

よく通る大きな吠え声が特徴。狩猟ではにおいをキャッチしたら吠えながら獲物を追い、ハンターは吠え声を頼りに獲物との距離を測った。

【 このグループの犬種 】

ビーグル ● ダルメシアン ● バセット・ハウンド ● アメリカン・フォックス・ハウンド ● ブラッド・ハウンド ● ハリア ● プチ・バセット・グリフォン・バンデーン

ポインター・セター

鳥に思わず反応してしまうことも。

藪を走り回って水鳥を探したり、飛び立たせて猟のお膳立てをした

銃（ガン）が発明されて水鳥猟に使用されるようになると、それを手伝う犬として「ガンドッグ」が開発され、狩猟で重宝されるようになりました。

ガンドッグの主な仕事は、水鳥を探し出すこと。広大な藪の中を捜索し、獲物を見つけると立ち止まって独特のポーズで示し、ハンターに居場所を教えるのが仕事でした。ポインターやセターは、居場所を指し示す（ポインティング、セッティング）行動からついた名前です。

獲物の居場所を教えるだけでなく、追いついたハンターの指示に従い、獲物を飛び立たせる役目を担うこともありました。

一方、ワイマラナーのように、獲物の捜索はもちろん、嗅覚ハウンド（p64）のような追跡やレトリーバー（p68）のような獲物の回収作業まで、多種類の仕事を1頭でこなしてしまうオールマイティな猟犬も、このグループに含まれています。

（ 独特のポーズで獲物の発見を知らせた ）

忍耐強く訓練を好む

狩猟の際は獲物を見つけても飛びかからずにハンターに知らせるよう訓練された。その名残から、我慢強く協調性があり、トレーニングを好む。

獲物の捜索で培われた運動量

水鳥猟では広大な薮の中を走り回って獲物を探していたことから、スタミナがあり、運動量が多い。飼育環境下でも十分な運動を取り入れたい。

気の強さと忠誠心を併せ持つ

狩猟ではハンターの指示に従って働き、猟のお膳立てをした。猟犬ならではの気の強さを備えつつも、協調性があり、飼い主には従順。

【 このグループの犬種 】

アイリッシュ・セター ● イングリッシュ・セター ● イングリッシュ・ポインター ● ワイマラナー ● ブリタニー・スパニエル ● ラージ・ミュンスターレンダー ● ゴードン・セター

その他の鳥猟犬

警察犬や盲導犬として活躍する犬も。

撃ち落とした水鳥の回収など水辺での作業を手伝った

このグループの代表犬種といえば、レトリーバー。水鳥猟において、ハンターが撃ち落とした獲物を指示通りに回収(レトリーブ)する仕事を担ったことから、この名がつきました。

他には、ハンターのすぐ側を走り回って水鳥を飛び立たせることで猟のお膳立てをするスパニエル種や、漁業や水難救助といった水辺での仕事を手伝うウォータードッグも、このグループに含まれています。

いずれにせよ人と密接にコンタクトを取りながら働いていたことから、協調性があり、人に対して友好的な性質が特徴です。獲物が落ちた場所を正確に覚える記憶力、ハンターの指示通りに行動する知力や集中力を備えています。

協調性や知力を生かして、警察犬や盲導犬として活躍するケースもあります。また、レトリーバーは、大型ながら家庭犬としても人気があります。

（ コンタクト欲の強さから家庭犬にも向く ）

水が大好きで泳ぎも達者

水辺での狩猟や作業で活躍していたことから、水が好きで、泳ぎが達者。家庭犬として飼育されている場合も、川や海での遊びを好む犬が多い。

コミュニケーションを好む

ハンターと連携を取りながら仕事をしていたことから、人とのコミュニケーションを好む。攻撃性が低く、ひとなつこいため家庭犬に向く。

集中力がありしつけしやすい

人と一緒に働いていたため、コンタクト欲が強い。また、獲物の落ちた場所を覚える記憶力や、集中力も備えており、トレーニングしやすい。

【 このグループの犬種 】

ゴールデン・レトリーバー ● ラブラドール・レトリーバー ● アメリカン・コッカー・スパニエル ● イングリッシュ・コッカー・スパニエル ● フラットコーテッド・レトリーバー

愛玩犬

一緒に寝ることで「ベッド温め犬」の異名も。

ひたすらかわいい容姿と性質。愛されること自体が仕事だった

愛玩犬は、ひたすら愛され、抱かれたり膝の上でなでられたりしてかわいがられることを仕事とした犬たち。そのルーツは古く、紀元前に遡るといわれています。

当時、狩猟や牧畜など暮らしを支える労働力としてではなく、愛玩のためだけに犬を飼う余裕があったのは、一部の裕福な人々に限られていました。そのため、主に上級階級において富の象徴としてもてはやされ、なかには王室や寺院などで「門外不出の犬」として代々繁殖されてきた犬種もいます。

人にかわいがられるという目的に合わせて犬種改良が進んだ結果、攻撃性や野性味はできる限り抑えられ、よりコンパクトな体、あどけない顔つき、おとなしい性質に。犬は屋外で飼われるのが一般的だった時代にあって、室内で大切に飼育され、夜は飼い主と同じベッドで一緒に眠ることすらありました。

（ 膝に抱かれてなでられるのが仕事 ）

かわいがらずにいられない容姿

丸い顔に大きな目、ふわふわとした被毛など、「かわいがりたい」という欲求を引き出すような容姿。成犬でも子犬のように幼い印象がある。

小柄だから抱きやすい

抱いたり、膝の上にのせたりしてかわいがりやすいよう、小柄の犬がもてはやされた。犬種改良の過程で小型化されていった犬種も。

比較的おとなしい性質

野生味が抑えられ、より室内で飼育しやすいよう改良された。攻撃性が低く、穏やか。飼い主への愛情要求が強く、かまわれることが好き。

【 このグループの犬種 】

トイ・プードル ● チワワ ● フレンチ・ブルドッグ ● シー・ズー ● パピヨン ● マルチーズ ● パグ ● ビション・フリーゼ ● ボストン・テリア ● キャバリア・キング・チャールズ・スパニエル

視覚ハウンド

鷹と組み合わせた狩猟でも活躍した。

視覚とスピードを頼りに広大な土地で狩猟を手伝った

細長い頭部、流線型のボディに長い脚が、このグループの犬種の特徴。よく似たタイプの犬が、古代の壁画や出土品に描かれていることから、起源は非常に古いと考えられています。

砂漠や草原など、見通しの良い広大な土地での狩猟に適した犬として重宝されました。一般的な犬よりも広い視野を生かして、ガゼルやウサギなどの獲物をいち早く見つけ、猛スピードで追いかけて仕留めます。この狩猟スタイルは「コーシング」と呼ばれ、地域によってはキツネやコヨーテ狩りで用いられることもありました。また、飼いならした鷹を使う「鷹狩り」と、組み合わせて行われることもあったといいます。

中東や中央アジアでは、今なお猟犬として働いている他、動く疑似餌を追いかけさせて速さを競うドッグレース「ルアーコーシング」で活躍している犬もいます。

（ 足の速い獲物を俊足で追いかけた ）

広い視野で獲物を見つける

目が細長い頭部の横側についているため、一般的な犬に比べると視野が広い。広大な土地で動く獲物をいち早く見つけることができる。

俊足で持久力も抜群

ウサギやガゼルなど足の速い動物を獲物とし、最高時速 70km 程度で走る犬種もいる。心肺機能も高く、瞬発力と持久力を兼ね備えている。

マイペースで独立心旺盛

自立して狩猟を行ったため、人への依存度は低い。愛情要求は少なめで、マイペース。普段はおとなしく、ゆったり寝て過ごすことを好む。

【 このグループの犬種 】

イタリアン・グレー・ハウンド ● ボルゾイ ● サルーキ ● アフガン・ハウンド ● ウィペット ● スパニッシュ・グレーハウンド ● アイリッシュ・ウルフハウンド ● アザワク

【歴史】

人と暮らし、守られることでかわいらしさを獲得していった

長い年月をかけて飼いならされ、改良されるなかで、犬の容姿や性質は大きく変化しました。

例えば同じイヌ科動物であるオオカミは、成長すると鋭い顔つきになるものですが、犬は成犬になってもかわいいまま。これは、「ネオテニー（幼形成熟）」と呼ばれる現象です。大きな目や広い額、丸顔、短い頭身など、幼い生き物に共通する特徴を、成犬になっても持ち合わせています。こうした特徴は「ベビースキーマ」と呼ばれ、飼い主の「守ってあげたい」という気持ちを本能的に引き出すものです。

また、野生下では成犬になると体力を温存するためにむやみに遊ばなくなるものですが、人に飼育されている犬は、成犬になってもよく遊びます。常に人間の保護下にあることで、疲れなど気にせず安心して遊ぶことができるのでしょう。この遊び好きの性質が、トレーニングへの意欲、しつけやすさにつながっています。

幼い生き物に共通の「かわいさ」の正体とは。

容姿にも性格にも幼さを残している

ネオテニーは、家畜化された動物によく起こる現象。
人間にかわいがられるために改良された小型の愛玩犬たちには、
とくにこの傾向が強くあらわれている。

【容姿】 子犬のような顔つきと体つき

- 目が大きく額が広い
- 全身の大きさに比して頭が大きい
- 鼻先が短い
- 顔が丸い

【性格】 いつまでも遊び好き、甘えん坊

- 成犬になってもおもちゃで遊ぶ
- 捕まりそうにないものを追いかける
- 飼い主に甘える
- 無防備な姿で寝る

COLUMN

白黒まだらなどの目立つ毛色は家畜化された動物に特有のもの

家畜化された動物によく見られる特徴は、ネオテニーの他にもあります。

例えば、被毛の色。犬の祖先であるイヌ科動物の被毛は灰褐色のみだったといわれていますが、現代の犬には、白や黒、ダルメシアンのような斑模様の犬種まで存在します。これは野生下では目を引きすぎてすぐに淘汰されてしまうような個体が、人に保護され生き残れるようになったため。乳牛の柄に斑模様があるのも、同じ理由と考えられています。

飼い主は「仲間」、家は「縄張り」。犬の目に映る人間社会

【歴史】

人間に飼育されている犬は、飼い主家族や、人間社会のことをどう捉えているのでしょうか。

近縁種である野生のオオカミは、序列のある群れを作り、優劣関係を守って生活します。群れの結びつきは強く、他の群れとは敵対関係にあります。巣穴周辺を縄張りとし、他の群れの個体の侵入を許しません。一方、狩りや散歩を行う行動圏は広大で、他の群れの行動圏と重なります。

家庭犬の場合、同居犬同士では優劣を決めるものの、飼い主を序列に加えることはなく、食餌を世話する人、遊び相手など、自分との関係性で認識していると考えられています。暮らしている家が「縄張り」で、いつもの散歩コースが「行動圏」。散歩の途中で出会う犬や人は、群れの仲間以外の存在ですが、挨拶を交わし、場合によっては仲良く付き合うこともできます。これは野生下では見られない新たな関係性といえます。

行動圏では電柱に尿をかけて他の犬にアピール。

周りの人・犬・環境をどう認識？

野生下における「群れの仲間」や「縄張り」、「行動圏」。
人と暮らす家庭犬の場合は、
周りの人や環境をどう捉えているか、チェックしてみよう。

【 同居犬 】

群れの仲間

犬社会のルールが適用される。お互いに優劣を決め、それにもとづき行動する。

【 飼い主家族 】

自分の仲間

飼い主一家は、共同生活を送る仲間。序列はつけず、自分に対する役割で認識する。

【 他の家の犬 】

顔見知り、敵対相手

挨拶を交わし、交流を持つ。一緒に遊んで仲を深めたり、敵対することもある。

【 自宅 】

縄張り

死守すべき自分のすみか。同居する仲間（飼い主一家と犬）だけに入ることを許す。

【 散歩コース 】

行動圏

散歩や狩りを行う範囲。他の犬の行動圏と重なる。挨拶を交わし、マーキングでにおいを残す。

【歴史】

空気の読めない犬が増えている？
人に近づき「犬らしさ」を失った犬たち

犬は本来、コミュニケーションが得意な動物。耳や尻尾の動き、表情、被毛の様子などを手がかりに意思疎通を図ります。しかし、改良されて容姿が変化したことで、コミュニケーションが取りづらくなっている場合があります。

特に、パグやフレンチ・ブルドッグなど鼻先の短い短頭種は、独特の呼吸音や表情筋の制約などから感情を誤解されやすく、犬同士のコミュニケーションが苦手といわれています。短頭種は、人間や他の犬、車、雷の音など周囲のものに慣れて愛着を形成する「社会化期」が他のタイプの犬に比べて長く、それだけ他の犬との付き合い方を学ぶのに時間がかかるという説もあります。

また昨今では、犬がより「人らしく」なっている傾向が指摘されています。飼い主とは問題なく付き合えても、犬同士の挨拶や遊びは苦手というケースも増えているようです。

悪気はないがマナー違反してしまう犬も。

コミュニケーションが取りづらい犬も

犬は体の動きや様子を手がかりに、相手の気持ちを読みとく。
耳や尻尾の動きなどがわかりにくいような犬種では、
感情が読み取りづらく、コミュニケーションに差し障ることも。

上記のような特徴があると、感情に伴う変化がわかりにくく、コミュニケーションの際に不利になる場合がある。また、短頭種（パグやフレンチ・ブルドッグなど）の場合、独特の呼吸音が相手の犬にとっては威嚇ととらえられてしまうこともある。

COLUMN

オオカミに比べると仲直りがヘタという研究結果も

同じ環境下で飼育されている犬とオオカミ、それぞれの群れの行動を観察した実験によると、オオカミの群れでは敵対行動と和解行動が共に多かったのに対し、犬の群れでは敵対行動が少ないものの和解も少なく、一度始まると激しいケンカになるケースが多いことがわかりました。

野生の群れでは仲間との協力が欠かせませんが、人に守られている家庭犬の場合は犬同士でケンカになっても困らないため、仲直りへの執着も薄いのではないかと考えられています。

COLUMN 2

容姿も性質もニュータイプ。「デザイナードッグ」の真実

デザイナードッグとは、2種の純血種の犬を交配させて作出された犬のこと。「ハイブリッドドッグ」とも呼ばれます。

元々は、1988年にオーストラリアで、犬アレルギーに配慮した抜け毛の少ない盲導犬として「ラブラドゥードル」(ラブラドール・レトリーバーとプードルのかけ合わせ)が作出されたのが始まり。今では、チワワとダックスフンドをかけ合わせた「チワックス」、パグとビーグルをかけ合わせた「パグル」、コッカー・スパニエルとトイプードルをかけ合わせた「コッカープー」など、様々な種類が存在します。

ユニークな見た目と希少性に魅力を感じる人が増えていますが、一方で過熱する人気に警鐘を鳴らす声も。異なる犬種をかけ合わせることで、犬種ならではの行動特性や遺伝的な疾患を予測しづらい点が指摘されています。また、人気に乗じて悪質なブリーダーや販売業者が増え、犬の健康を無視した繁殖が行われることも懸念されています。

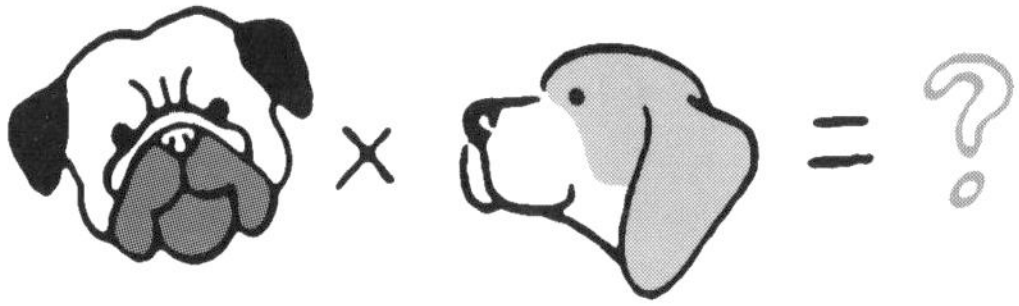

PART

2

犬の体は雄弁に語る

～ボディランゲージ～

個体間コミュニケーションが得意な動物。ボディランゲージで気持ちを伝え合う

3つの手段を用いて上手にコミュニケーションを取る

犬は本来、コミュニケーションを取ることが得意な動物です。群れを作り、維持するために、他の個体とうまく情報交換しながら行動する必要があったためです。

犬は、3つの情報交換手段を持っています。1つは視覚によるもの。顔の表情をはじめ、耳や尻尾の動き、姿勢など、目で見てわかるものから情報を得ます。肉体の動作を利用したコミュニケーションは「ボディランゲージ」と呼ばれ、怒りや攻撃、不安、恐怖など様々な感情を表現することができます。喜怒哀楽を示す基本的なボディランゲージには、下のようなものがあります。改良があまり進まず、野性時代から身体的に大きく変化していないとされる原始的な犬やスピッツタイプの犬の場合は、よりわかりやすくあらわれます。

2つ目は、聴覚によるもの。吠え声や唸り声から、相手の気持ちや強さ弱さ

怒り

歯を見せ、毛を逆立てて前のめりに。タイミングをうかがうように、ゆっくり尻尾を振る。

うれしい・楽しい

目を輝かせ、いきいきと活発に動き回る。腰を上げて飛び跳ね、遊びに誘うことも。

を推しはかり、コミュニケーションを取ります。

3つ目は、嗅覚によるもの。排泄物をはじめ、肛門の周りから出る分泌物、体臭などを名刺がわりに、個体の情報をやり取りします。散歩中に同じ場所でおしっこをしたり、犬同士でお尻のにおいを嗅ぎ合うのは、このためです。

ちなみに野生のイヌ科動物に比べると、犬は視覚的なサインを当てにしないといわれています。犬種改良によって様々な身体的な特徴を持つ犬が登場したことで、ボディランゲージがわかりにくくなり、声やにおいに頼るようになったのではないかと考えられています。

人の発するシグナルも理解できるようになった

犬は人とも、犬同士のときと同じような手段でコミュニケーションを図ります。異種である人ともコミュニケーションが取れる理由は、情報交換のための手段を豊富に持っているうえ、人と共に暮らし、改良される過程で、人の表情や音声、身振りによるシグナルをある程度理解できるように進化したためと考えられます。

不安・恐怖

体勢を低くし、小さくなってうなだれる。耳を倒し、尻尾を足の間に巻き込む。

【尻尾】

尻尾のない哺乳類は、実は少数派。

コミュニケーションに欠かせない器官。運動をサポートし、気持ちを伝える

尻尾の起源は、「魚の尾びれ」にあります。一部の魚が進化して水辺や陸で暮らすようになり、尾びれが尻尾に変化しました。ゴリラやコアラなど尻尾が退化した動物もいますが、尻尾を持つものの方が圧倒的に多いといわれています。

犬の尻尾には、走るときにバランスを取ったり、マフラーのように体に巻きつけて体温を維持したりする役割の他、動きによって感情を表現するコミュニケーションツールとしての役割があります。中央を通る「尾椎」の周りを12個の筋肉が取り囲んでおり、それらが伸縮することによって上下左右に自在に動かすことができます。

また、子犬の頃に尻尾を短くする「断尾」の習慣を持つ犬種もいます。狩猟や牧畜の際に尻尾を傷つけないためや審美目的で行われていましたが、昨今は動物福祉の観点から禁止する国が増えています。

尻尾には様々なバリエーションがある

犬種改良による多種多様な容姿に伴って、尻尾の形状も様々。
極端に短い形状の場合は、動きがわかりづらいため、
感情が伝わりにくいともいわれている。

自然に下がっている

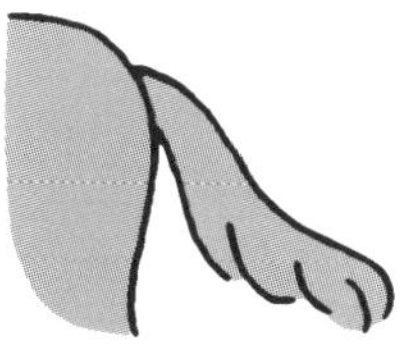

お尻の下に自然に垂れ下がる「垂れ尾」の他、先端に向かうほど細く毛が少なくなる「ラットテイル」など。

巻いている

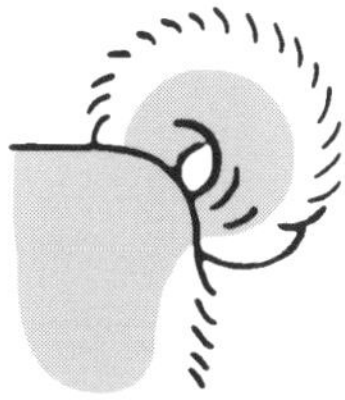

根元から背中の上に向かってくるんと巻いている「巻き尾」や、それよりも緩く巻き上がる「差し尾」など。

上がっている

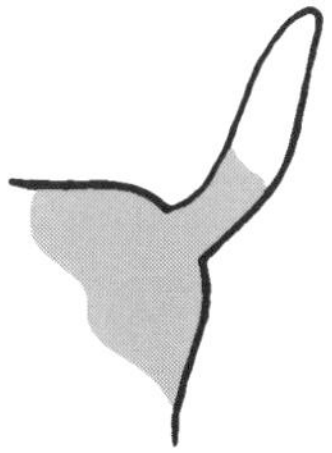

垂直に立ち上がる「立ち尾」、緩やかな曲線を描く「鎌尾」、湾曲して先端が背中につく「スナップテイル」など。

ふさふさしている

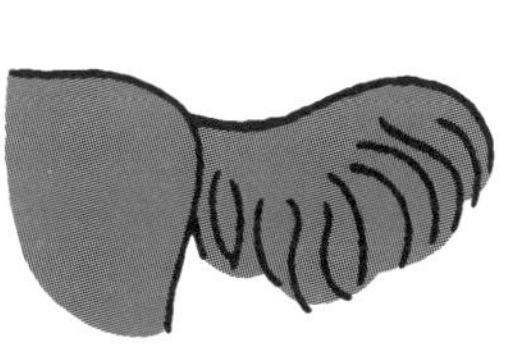

自然と垂れて豊かな飾り毛のある「飾り尾」、リスの尻尾のようにボリュームのある「リス尾」など。

ねじれている

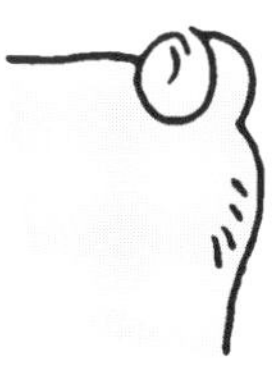

らせん状にねじれている「スクリューテイル」、根元からよじれて曲がっている「キンクテイル」など。

まっすぐ伸びている

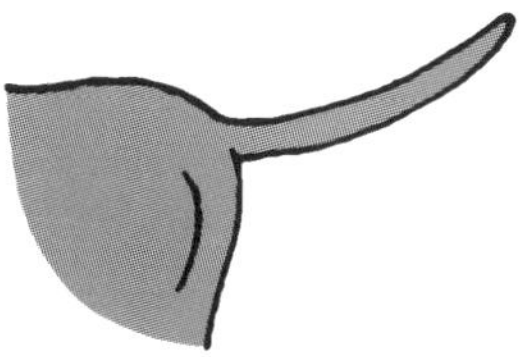

背と同じ高さで後方へまっすぐ伸び、先端にかけて細くなる「ホイップテイル」など。

【尻尾】

感情を示すバロメーター。振り方と様子から真意がわかる

好意を持つ相手には、右側に多く振る説がある。

尻尾を振るのは「うれしい」という気持ちのあらわれだと思われてきましたが、一概にそうとはいえません。友好的な相手だけでなく、敵対する相手や緊張状態にあるとき、服従を示すときにも尻尾を振ることがあります。尻尾の高さや振り方をよく観察し、その時々の状況と合わせて判断しなければなりません。

ちなみに、2007年に行われた研究では、威圧的な犬や飼い主などに会わせたときの犬の尻尾の振り方を比較した結果、飼い主に対しては右側に多く振ることがわかりました。体の右側の運動を司る左脳はポジティブな感情に関わるため、飼い主への好意のあらわれとも考えられます。

同じイヌ科動物であるオオカミやキツネも尻尾を振ることがあります。オオカミの場合、群れの仲間に再会したときに振るため好意のあらわれと推測されますが、実際どんな意味が込められているかはわかっていません。

感情の機微をあらわす尻尾の動き

パグなど尻尾が短い犬の場合、お尻ごと振ることも。
尻尾の形状によって動かし方は異なるため、
愛犬のニュートラルな状態を観察し、それを基準に動きを判断したい。

元気よく ブンブン振る

機嫌が良く楽しい気持ちのときや、相手を遊びに誘うとき。高く上げ、勢いよく振る。

ゆらゆら 小刻みに振る

怒りや威嚇。飛びかかるタイミングを計るように尻尾を持ち上げゆっくり揺らす。

【 自然にしている 】

リラックスした状態

自然に垂れ下がったり、巻いたりしているときは、リラックスしていてニュートラルな状態。

足の間に巻き込む

恐怖を感じているときや弱気のとき。足と足の間に巻き込む。体勢も低くする。

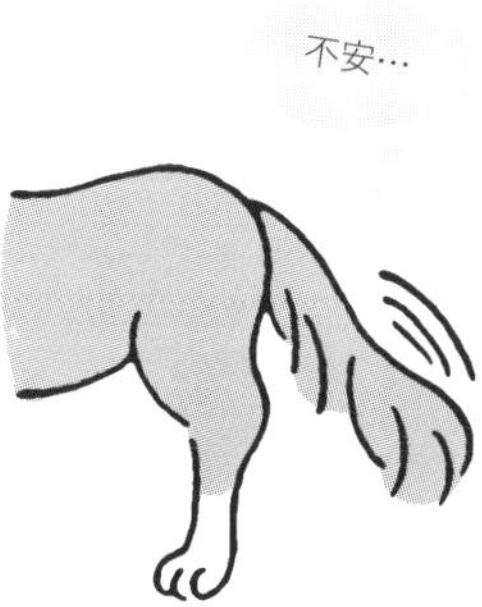

だらりと垂れる

自信がなく、不安なとき。力なく垂れ下がる。体勢も低くなり、うなだれる。

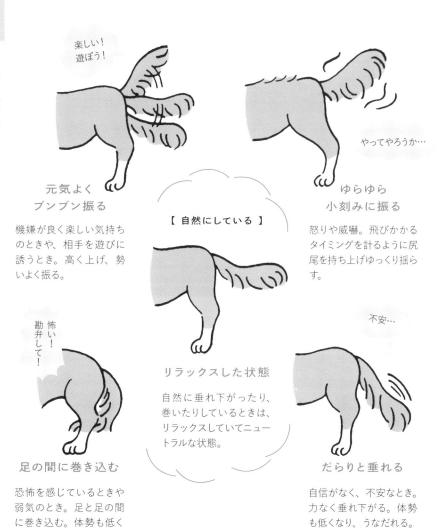

【歯・口元】

口元（口周辺から鼻先）
は「マズル」と呼ばれる。

獲物を引き裂く鋭い歯や口元は、意思の伝達でも大いに役立つ

犬の歯のもっとも大きな役割は、獲物を仕留め、肉を噛みちぎることです。その他にも、敵対する相手を攻撃したり、むき出しにして見せることで自らの強さをアピールするなど、他の個体とのコミュニケーションにおいて重要な役割を果たします。

また、犬の口元は感情があらわれやすい部分でもあります。野生時代に狩りを行っていたことから、ものを噛むための筋肉「咬筋」や「側頭筋」が大きく発達しています。そのためか口周りが器用に動き、ぎゅっとシワを寄せたり、だらりと力を抜いたりと、表情豊か。マズル（口吻）が短い短頭種は変化がわかりづらいものの、マズルが尖っている犬種の場合は、よりわかりやすくあらわれます。

ちなみに、歯や口元は、犬にとっての急所。野生動物にとって食べられなくなることは死を意味するため、触られたり掴まれたりするのを嫌がります。

器用に動く口元に気持ちがあらわれる

よく目立つ歯や、大きく開く口元は、感情があらわれやすい部分。
食事や攻撃が主な役割だが、
コミュニケーションにおいても重要な役割を果たす。

ものを噛むときに使われる「咬筋」や「側頭筋」が大きく発達。噛む力は強く、人間の4～10倍とも。

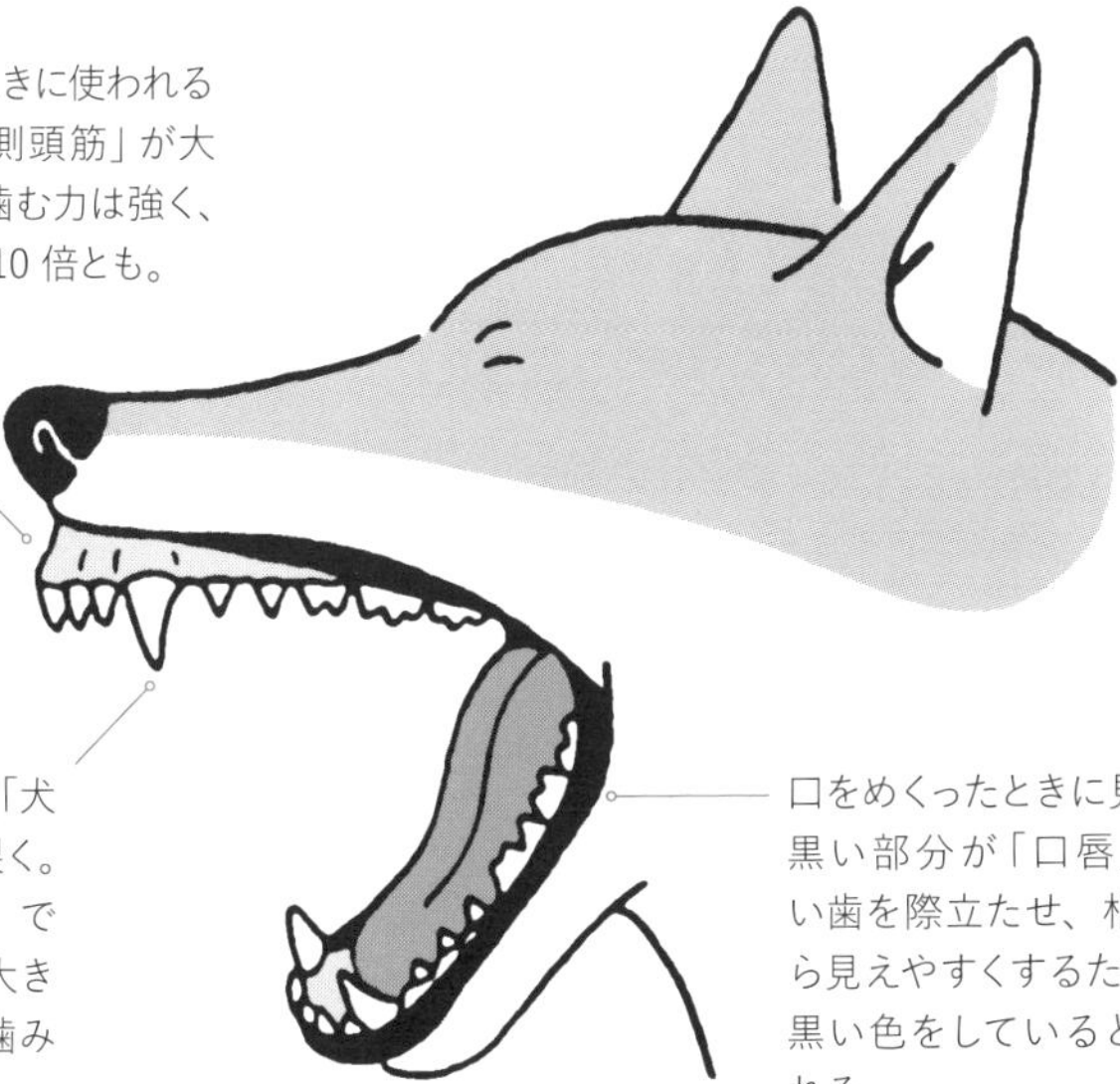

「切歯」で獲物を掴み、「犬歯」で仕留め、引き裂く。さらに、鋭い「臼歯」で食べ物を飲み込める大きさに噛み分けたり、噛み砕いたりする。

口をめくったときに見える黒い部分が「口唇」。白い歯を際立たせ、相手から見えやすくするために、黒い色をしているといわれる。

COLUMN

人間とは異なる「口内環境」。虫歯が少なく歯周病が多い理由とは

犬は人に比べて虫歯になりにくく、歯周病になりやすいといわれています。理由は、口内環境の違いにあります。

犬の唾液はアルカリ性で、デンプンを糖に分解する酵素がほとんど含まれません。そのため、虫歯菌のエサとなる糖が口内に溜まりにくく、虫歯菌が繁殖しにくいのです。歯が尖っていてくぼみに虫歯菌が溜まりづらいことも、虫歯が少ない理由です。一方、口内がアルカリ性ゆえに歯垢が石灰化して歯石になりやすく、歯周病は多いといわれています。

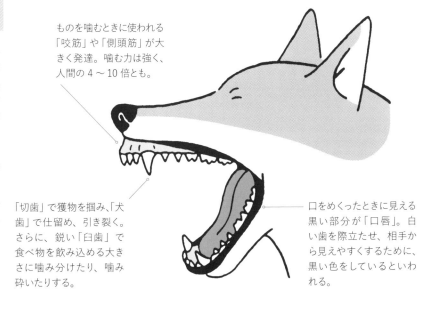

【歯・口元】

動物は歯（＝武器）を見せつけて威嚇する。

喜び？ それとも威嚇？ 歯を見せることで感情をアピール

前述のように、口元は感情があらわれやすい部分。口元の緩みや閉まり、歯の見え方から気持ちを察することができます。リラックスしているときは口元が緩み、歯がわずかに見え、笑顔のような表情に。遊んでいるときに出すハッハッという呼気は、「犬の笑い声」とも呼ばれます。

ただし、犬が歯を見せるときは、喜んでいるとは限りません。よくあるのは、威嚇のサイン。犬は相手とケンカになりそうなとき、争いを避けて身を守るために威嚇行動に出ます。攻撃に使う武器、つまり「犬歯」をむき出して見せつけることで、自分の強さをアピールし、相手の戦意喪失をはかろうとします。

反対に、相手に対して大きな恐怖心を抱いているときも、威嚇することがあります。本当は怖いのに「もうどうにでもなれ」というやぶれかぶれな気持ちで強がっているため、犬歯ではなく後臼歯が見えます。

恐怖や緊張が強いと口元に力が入る

興奮から不安、緊張、恐れなど、様々な感情があらわれる。
口元や歯の様子だけでなく、
目つきや耳の動き、体勢にも注目して総合的に判断したい。

大きく開けて舌を出す

【 期待・興奮 】

興奮が高まると動悸も速くなる。口を大きく開けて舌を出し、ハッハッと浅い呼吸をする。

自然にゆるめる

【 リラックス 】

機嫌が良くリラックスしているときは、余計な力が入らない。口元も緩み、穏やかな表情。

力が抜けて半開きに

【 軽い不安・服従 】

自信がないと、脱力して半開きになる。服従の気持ちが強いと、舌を出して相手をなめることも。

しっかり閉じる

【 集中・緊張 】

何かに集中していたり緊張状態にあるときは、口元に力が入り、ぎゅっと固く閉じる。

後臼歯が見える

【 強がって威嚇 】

恐怖を感じながら威嚇するときは、怖れによって口元が後ろに引かれるため後臼歯が見える。

犬歯を見せる

【 本気で威嚇 】

口元に力を入れて鼻にしわを寄せ、犬歯（＝武器）をむき出しにし、強さをアピールする。

【耳】

人間よりはるかに優れた聴覚と良く動く耳介を持っている

IH調理器が発するわずかな音を聞きつける。

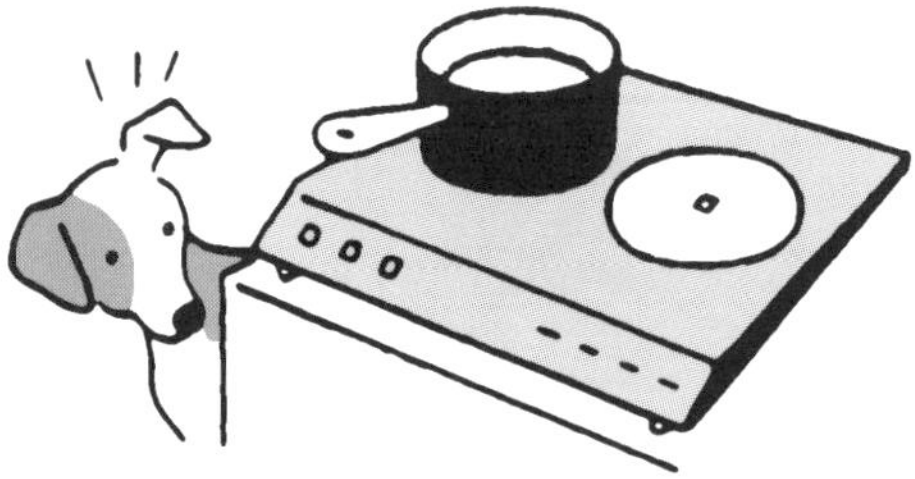

人が聞き取れる音域の上限は、2万ヘルツ程度。それに対して犬は、5万ヘルツ程度まで聞き取ることができるといわれています。これは、野生下において、小型のげっ歯類などの獲物が発する高周波の声を聞きつけられるよう進化したため。現代の生活では、ネズミの鳴き声はもちろん、犬笛の音や、電子機器のノイズ音、IH調理器が作動中に発する超音波なども聞こえていると考えられます。

また、犬は耳（耳介）を器用に動かし、あらゆる角度に傾けることができます。4本足ゆえに音のする方向に素早く方向転換することが難しいため、耳を自在に動かして音を集めて、音源を探る必要があったと考えられています。

高い聞き取り能力とよく動く耳介で、遠くから聞こえるわずかな音も逃さずキャッチし、狩りを行ったり、外敵から身を守ったりしていたのです。

高音や母音の聞き取りは得意

低周波については人と大きく変わらないが、高周波の聞き取り力は抜群。
耳介を自由に動かせることで、騒がしいなかでも、必要な音を
選択的に聞き取ることができる能力も備えている。

4オクターブ以上の高音も聞こえる

野生動物の高い鳴き声を聞きつける必要があったためか可聴域が広い。人間が2万ヘルツ（ピアノでいうと2オクターブ程度）前後の音を聞き取るのに対し、5万ヘルツ（4オクターブ程度）以上の高音まで聞こえるといわれている。

母音を聞き取り言葉を聞き分ける

犬は音声に含まれる「フォルマント周波数」を感知してその動物のサイズを推し量る能力がある。フォルマント周波数は母音の識別にも関係することから、犬は人間の母音を聞き取ることで言葉の一部を聞き分けていると考えられる。

騒がしくても聞きたい音をキャッチ

人間と同じく「カクテルパーティー効果」（多くの音のなかから必要な音声を無意識に選択して聞き取ることができる脳の働き）がある。耳介を左右独立して動かすことができるため、より選択的に音声をキャッチできると考えられる。

【耳】

気持ちが強いときは、ピンと立たせる。自在に動かせるコミュニケーションツール

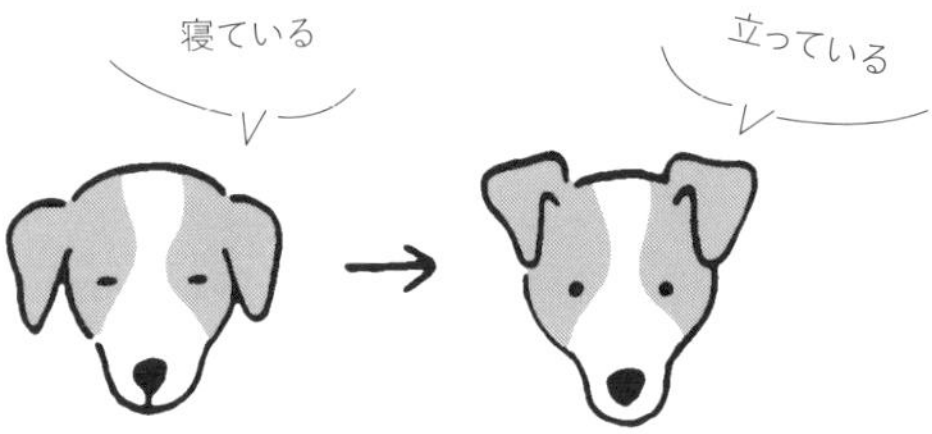

垂れ耳でも根元を見ると動きがわかる。

あらゆる方向に自由自在に動かせる耳は、コミュニケーションツールとしても役立っています。耳を動かす「耳介筋」は、顔の表情を作る顔面神経によってコントロールされているため、表情を作るように耳を動かすことで感情表現をしているという説もあります。

耳の立ち方には、気持ちの強さがあらわれています。目の前の相手に集中しているときや強気で威嚇するときは、前方に向けてピンと立たせます。不安や恐怖を感じ弱気になっているときは、後方に寝かせてしまいます。

ただし、耳を寝かせるのは、ネガティブな感情を持っているときだけではありません。耳を寝かせながら、穏やかな表情をしていたり、機嫌よく尻尾を振るなど、友好的なしぐさが合わせて見られるときは、リラックスしている状態。通称「ヒコーキ耳」と呼ばれ、愛犬家に人気のしぐさでもあります。

耳の傾き加減で気持ちの強さがわかる

耳を寝かせているときは、頭を大きく丸く見せることで幼さを強調し、
恐怖心からくる服従の気持ちや、
飼い主への甘えをアピールしているという説もある。

ピンと立っている

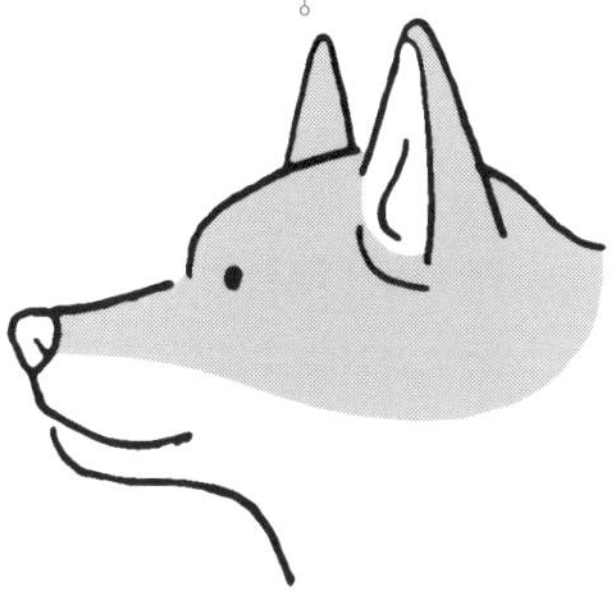

【 集中・強気 】

目の前のものに集中するとき、前方向に耳をそば立たせる。また、強気で相手を威嚇するときもピンと立てる。

横や後方に倒す

【 不安・恐怖・リラックス 】

不安や恐怖で弱気になっている。ただし、友好的なしぐさが合わせて見られる場合は、リラックスしていると考えられる。

COLUMN

首を傾けるかわいらしいしぐさ。元々は音をよく聞くための行動だった

写真を撮るときや名前を呼ばれたりしたときに首をかしげるかわいらしい所作も、本能行動に端を発しています。

もともとは、顔を傾けて左右の耳の高さを変えて音を聞くことで、音源をより正確に探ろうとする本能的なしぐさ。純粋に音を聞くためにしていることもありますが、見た人からかわいいとほめられたり喜ばれたりすることで「このしぐさをするといいことがある」と学習し、自ら繰り返すようになることもあります。

【目】

優れた動体視力と暗闇でも見える力。狩猟に適した目を持っている

犬には紅葉の美しさはわからないかも。

犬の視力は人に比べてそれほどよくはありません。さらに近すぎるものは見えづらい傾向があり、嗅覚によって判断しています。

また、色を感じる細胞「錐状体」がほとんどなく、色の認識が苦手。人が、赤・青・緑の三色型の色覚を持ち、その組み合わせによって様々な色を識別できるのに対し、犬の色覚は二色型。赤や緑、オレンジなどは認識が難しいといわれています。

一方で人より優れた動体視力と広い視野を持ち、遠くにいる獲物や外敵も、動いていれば見つけることができます。

また、明るさを感じる細胞が多いこと、レンズの役割を持つ水晶体が厚く、暗い場所でも光を目に取り込みやすいことから、暗いところでも人よりよく見ることができます。

さらに、目以外の嗅覚や聴覚によって情報を補っているため、視力が弱くても生活するうえで支障はないと考えられます。

狩猟に適した目を持つ犬種も

犬は、薄暗い時間帯に狩りを行うのに適した目を持っている。
なかでも視覚に頼って狩猟を行っていた「視覚ハウンド（p72）」は、
広い視野と動体視力を生かして、いち早く獲物を見つけた。

近すぎるものは見えづらい

焦点を合わせる力が弱く、間近にあるものはぼんやりとしか見えない。優れた嗅覚で情報を補って判断している。

動体視力が優れている

静止しているものより動きのあるものを見るのが得意。動いているものであれば、800 〜 900m 離れていても見分けられるといわれる。

広い視野を持つ犬種も

特に目が顔の横側についているサイトハウンドなどの犬種は視野が広く、270° 程度まで見渡すことができる。

暗い所でもよく見える

眼球の中の明るさを感じる「桿体細胞」の数が、人間より多い。また、少ない光を増幅する構造物「タペタム」があり、暗闇でもよく見える。

【目】

犬種改良が進み、表情豊かに。気持ちの強さは視線にあらわれる

初対面で見つめ合っても
好意は伝わらないかも。

犬の目の周りの筋肉は、近縁種であるオオカミに比べるとよく発達しており、目の周りの表情を高度に変えられることがわかっています。

人間はコミュニケーションにおいて、目の周りの表情を重んじます。人と暮らして改良されていくなかで、そうした人間のコミュニケーション方法に呼応するように、表情豊かに進化したのかもしれません。

また、犬の視線は、気持ちを察するための重要な手がかりになります。強気で自信があるときはじっと睨みつけますが、弱気のときや恐怖を感じているときは、視線を外します。

本来、あらゆる動物にとってじっと目を見る行為は敵意をあらわすため、むやみに目を合わせることはありません。しかし、飼い主や他の犬との友好的な関係のなかでは、期待しているときや要求があるとき、遊びのなかで、見つめ合うこともあります。

自信たっぷりなときは視線を合わせる

視線を合わせるときは、強気で威嚇するときと、友好的な気持ちのときが。
視線だけでなく、耳や尻尾など他の体の部位の動きや、
声、そのときの状況なども参考にして、気持ちを判断したい。

強いのはこっちだ！

鼻先にしわをよせてにらむ

強気で威嚇するときは、相手をにらみつける。さらに唸ったり、犬歯をむき出して見せつけることも。

何かくれるの？
それちょうだい！

見開いて目を合わせる

興奮状態で期待しているときや、要求を通そうとするときなどは、目を見開いてじっと視線を合わせてくる。

やめてほしいな…

積極的にそらす

怯えているときや自信がないときは、相手との衝突を避けるために視線を合わせようとしない。

こっちを見ないで

目をつむる・まばたきが増える

目が合ったときに目をつむったりまばたきが増えるのは、状況にストレスを感じ、見られたくないと望んでいる。

【姿勢】

体を大きく見せようとするのは自らの強さを誇示するため

立ち上がって大きく見せ、威嚇する動物もいる。

犬に限らず、あらゆる動物は、自分を大きく見せることで強さをアピールしようとするもの。2本足で立ち上がって威嚇したり、羽を大きく広げて強さを誇示したりします。

犬の場合、自信があって強気のときは、重心を高くして前のめりの体勢に。背中や尻尾の毛を逆立てて、自分を少しでも大きく見せようとします。同時に相手と目を合わせ、歯をむき出したり、唸り声をあげたりしてアピールすることもあります。

逆に、恐怖を感じたり、自信がないときには、腰を引いて頭を下げ、自分を小さく見せようとします。弱気や、相手に対する服従の気持ちが強まると、そのまま仰向けになってお腹を見せ、急所をさらして敵意がないことを示す場合もあります。

ただし、仰向けになる行為には様々な意味が込められているため、必ずしも服従や恐怖の気持ちではない可能性もあります。

自信がなくなると小さく低く縮こまる

体が低く小さく縮こまるほど、気持ちも弱くなっているサイン。
もともと体高の低い犬は変化がわかりづらい可能性もあるが、
耳や尻尾の動き、視線の変化も参考になる。

前のめりになり毛を逆立てる

強気で相手に向かうときは、重心が高くなり、前のめりに。耳を立たせ、毛も逆立て、自分を大きく見せようとする。

頭が下がり腰が引ける

弱気になってくると、頭が下がって体勢が低くなる。腰も引け、全体的に勢いがなくなる。耳も倒れる。

小さくなって伏せる

不安や恐怖が強くなると、小さく縮こまり、地面に伏せてお腹をつける。尻尾を垂らしたり、足の間に巻き込むことも。

仰向けになる

首や腹などの急所を相手にさらすことで、敵意がないことを示し、攻撃をやめてもらおうとする。

【声】

声の低さは体の大きさをあらわす。強さを示したいときほど低く唸る

吠える吠えないは犬種の特性にもよる。

犬は、人との暮らしにおいて、ハンターに獲物の居場所を知らせたり、外敵の接近を警告したりするため、積極的に吠えることを推奨されてきました。より吠える個体を選択的に交配してきた結果、野性動物に比べてよく吠える動物になりました。

特に、吠え声を生かす狩猟スタイルのテリア（p58）やダックスフンド（p60）、嗅覚ハウンド（p64）は、よく吠えます。一方、獲物を発見した際に静かに知らせることを仕事としていたポインターやセター（p66）は、比較的吠えにくいとされています。特殊な例では、中央アフリカ原産の「バセンジー」が、めったに吠えない犬として有名です。

吠え声だけでなく、犬は様々な発声を駆使できます。生まれてすぐの頃は声のバリエーションは少ないものの、3週齢くらいで唸り声や吠え声を覚え、10週齢くらいでほぼ全ての鳴き声や吠え声を習得します。

高温と低音を使い分け。「吠え声」翻訳表

犬に限らず多くの動物は、声の高低を頼りに相手の強弱を推し量る。
低い声は、体が大きく強い個体であることの証し。
自分を強く見せたいときほど、低い吠え声や唸り声でアピールする。

高	ヒ～ッ ヒ～ッ	怖い！ もうダメ！ 助けて！	差し迫った事態に陥ると、助けを求めて高音で鳴く。
高	クーン クーン キュン キュン	敵じゃないよ 許してください	甘えるような高い鼻声で相手への服従心をアピールする。
中	ワンッ ワンッ	それちょうだい！ 遊ぼうよ！ やあ！	中程度の高さの吠え声は、要求や挨拶などあらゆる場面で使われる。
中	ウ～ッ…ワンッ！	何だお前！？ 大変だ！	唸り声を伴うときは、警戒や恐怖の気持ちが入っている。
低	ヴ～ッ！！ ヴォン！！	強いのはこっちだ！ やってやるぞ！	本気で威嚇するときは、低く濁った唸り声や吠え声を出す。

COLUMN 3

緊張するとしっとり。
体温調節にも関わる「肉球」のひみつ

愛犬家を惹きつけてやまない、犬の肉球。かわいいだけではなく、犬が生活するうえで様々な役割を担っています。

もっとも大切な役割は、歩いたり走ったりするときの衝撃を吸収すること。表面の分厚い角質層と、奥にある弾力のある繊維組織、柔らかい脂肪組織によって、クッションのように衝撃を吸収します。また、表面は突起状の構造物で覆われ、でこぼこしています。地面との摩擦が生み出されるため、猛スピードで走ったり、急に止まったり方向転換したりできるのです。

また、犬の体の中で唯一、汗腺を持つ部位でもあります。呼吸とともに肉球から汗をかくことによって、犬は体温調節を行います。緊張によっても汗をかくため、ストレスを感じると肉球もしっとりします。ちなみに、この汗と犬自身の体臭が合わさって、肉球からは独特のにおいが発せられます。人の足は決して良いにおいとはいえませんが、肉球は「香ばしいにおい」「おひさまのにおい」など、なんともいえない良い香りに例えられます。

PART

3

犬が抱える複雑なホンネ

～しぐさと心理～

人にはさっぱり理解不能！おかしな行動に隠された意味とホンネ

おかしな行動には野生下での生態が関係している

叱っているのに知らん顔をされたり、飼い主のスリッパや靴下に大興奮、散歩に出かければ犬同士でお尻のにおいを嗅ぎ合い、逆立ちしてオシッコ……。犬と暮らしていると、人には理解できないおかしな行動が目につきます。

その多くは、祖先である野生のイヌ科動物の習性や本能行動を受け継いだもの。犬の行動に隠された意味や気持ちを知りたいなら、野生時代の祖先の生態に注目する必要があります。

ただし、野生下での習性や行動がそのまま現代の犬に当てはめられるかというと、そうとは限りません。犬種として改良され、長い年月を人と暮らしてきたなかで、本来の意味が転じ、今ではコミュニケーションや遊びの一環となっている行動も少なくないためです。

もっともわかりやすい例が、お腹を見せて仰向けになる「服従姿勢」。本来は、

群れの仲間内で無用な争いを避けるために、劣位の個体が優位の個体に対して「降参」の意思を表明する姿勢といわれています。

しかし、犬は遊びのなかでしょっちゅうお腹を見せますし、初対面の犬に対して挨拶代わりに仰向けになったり、飼い主に甘えてお腹を見せ、「なでて」と要求することもあります。そこには本来のような「服従」の気持ちはありません。犬同士でお腹を見せる行動248例を分析したところ、全てが遊びに関わる行動で、服従を意味するものは1つもなかったという研究結果も報告されています。

同じ行動でも、状況や相手によって意味合いは変わる

このように、1つのしぐさや行動が複数の意味を持つことはよくあります。犬の本音を正確に理解するためには、そのときの状況や犬の様子なども参考にして、総合的に判断する必要があります。「〇〇している＝こういう気持ち」と簡単に分析することはできませんが、この複雑さこそが犬の生態のおもしろいところでもあります。

離乳期の「おねだりサイン」が転じて好意を示す行動に

【飼い主の口元をなめる】

犬の祖先である野生のイヌ科動物の子どもは、空腹のときに母犬の口元や顔をなめました。これによって母犬は、胃の中からある程度消化された状態の食べ物を吐き戻して与えていました。この本能的な行動の名残りから、子犬のような甘えや親愛の気持ちを持って、飼い主の口元をなめると考えられます。

また、それが転じ、今ではちょっとした挨拶やふれあいの代わりとして口元をなめる場合も。このように、ある行動が進化の過程でコミュニケーション機能を持つようになることを「儀式化」といいます。

その他、単に食べ物のにおいにつられてなめたり、口元のにおいから様子をうかがおうとしてなめることも。いずれにせよ信頼の証ではありますが、あまりにしつこい場合は要注意。唾液を介した人獣共通感染症のリスクを減らすためにも、避けるべきでしょう。

あなたに心を許しています！

好意以外の気持ちからなめることも

犬の舌は、重要なコミュニケーションツールでもある。
口元以外にもあらゆる所を、積極的になめようとするもの。
興味や確認、要求など、様々な気持ちが込められている。

頭・耳など

汗や皮脂などの分泌物のにおいや味を気に入ってなめている場合がある。

傷口

ケガや血のにおいなどを気にして、なめて確認している可能性がある。

足

飼い主のにおいを強く感じられる場所として惹かれ、なめていると考えられる。

手

構ってほしい、おやつがほしいなど飼い主に対して要求があるとき。逆に、「やめてほしい」と伝えるためになめることも。

COLUMN

器用に巻き上げ、スプーン代わりに。様々な役割を担う犬の舌の不思議

犬の舌には、「味を感じる」「スプーン代わりにする」「体温調節」といった役割があります。味を感じる細胞の数が人間より少なく、「甘味」は比較的強く感じますが「塩味」には鈍感。舌は自在に動かすことができ、水をたくさん飲もうとするときは、舌を裏側に巻いて水をすくい上げる特徴があります。これは猫とは真逆です。

また、暑いときには舌を出してハァハァとあえぎ呼吸をし、唾液を蒸発させ、その気化熱によって体温を下げます。

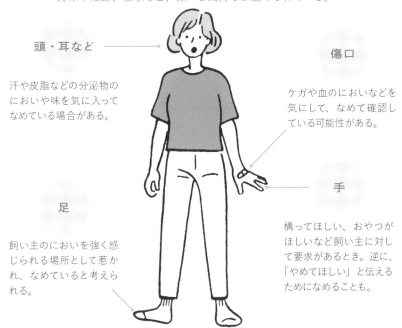

【足の上にお尻をのせてくる】

絶対に守りたい自分の急所は、信頼できる相手に預けておく

散歩の休憩中やソファでくつろいでいるときなどに、わざわざ足の上に腰かけたり、お尻をくっつけて座ろうとすることがあります。犬にとってお尻は、死守すべき急所。信頼できる飼い主に預けることで、守られていると感じ、安心を得ているのでしょう。

犬は、信頼できる相手でなければ、無防備に急所をさらしたり預けたりはしません。生活の中でどんな体勢になってもどこを触られても平気な様子なら、飼い主を認め、特別な愛着を感じている証拠です。

ちなみに飼い主が近くにいると、知らない人と積極的に関わろうとしたり周囲を探ろうとしたりと、かえって大胆になる犬もいます。これは、人間の母子で、母親が側にいると子どもが安心して遊ぶのと同じこと。飼い主のことを「いざというときに逃げ込める安全地帯」と認識しているからこそ、臆せず行動できるのだと考えられます。

お尻は大事なところ。守られているようで安心。

信頼できる相手にしか触らせない場所

首元やお腹、尻尾など、犬の急所は他にもある。
心を許した相手には預けられるが、不用意に触れられるのは基本的に苦手。
お手入れや歯磨きなど、日常生活では配慮して行動したい。

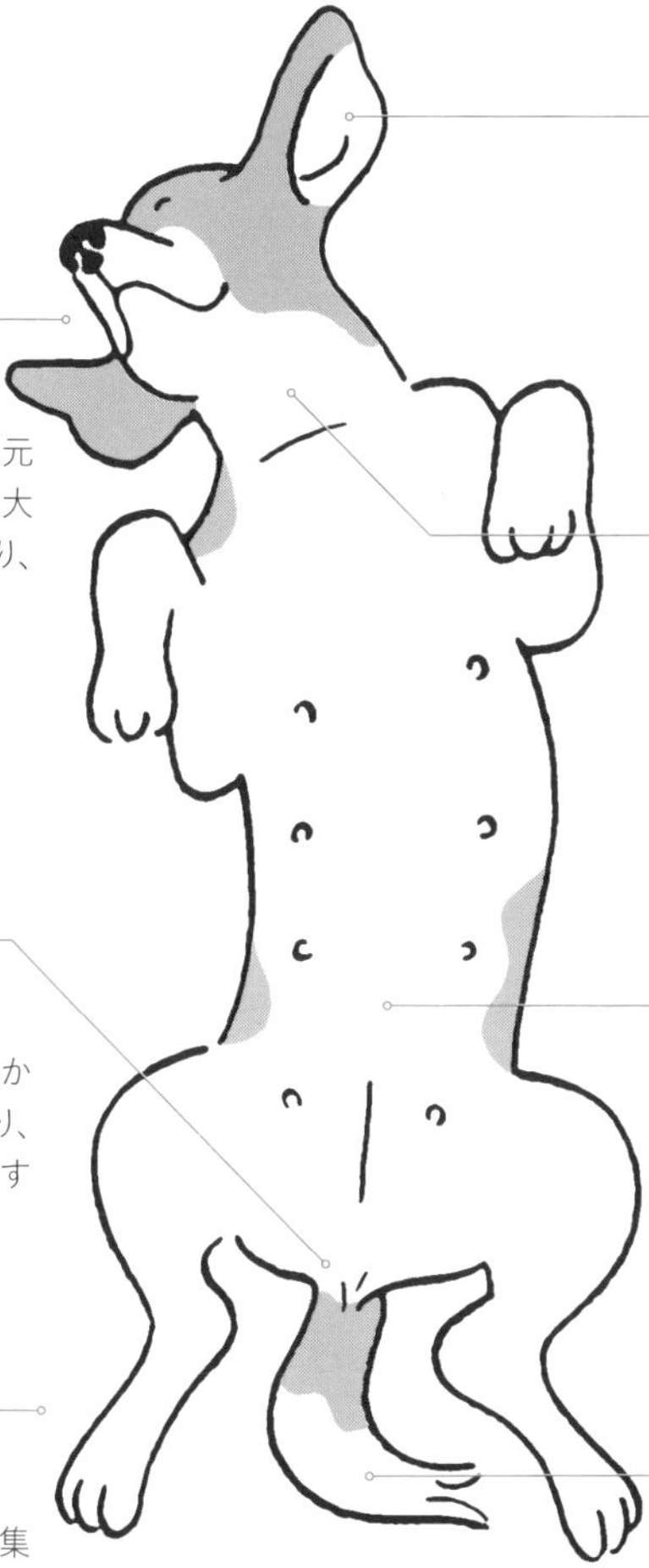

マズル・歯

食事や攻撃に使う口元は、生きていくために大切な部位。つかまれたり、触れられるのを嫌がる。

お尻

攻撃を警戒する本能から、背後に回られたり、後ろから触れられたりすることを嫌がる。

足先・肉球

足の先端は感覚器が集まって敏感な部位。また、野生動物にとって足のケガは命に関わるため、触られることを本能的に嫌がる。

耳

大切な聴覚に関わる器官。感覚器が集まり、特に敏感な部位でもある。

首元

人間と同様、もっとも守らなければならない急所。命に関わるため、触られることを嫌う。

お腹

首元と同様、皮膚が薄くなっていて攻撃に弱い。むやみにさらしたり、なでられるのを嫌う。

尻尾

尻尾は神経が多く通っているため、刺激に対して敏感に反応する部位。

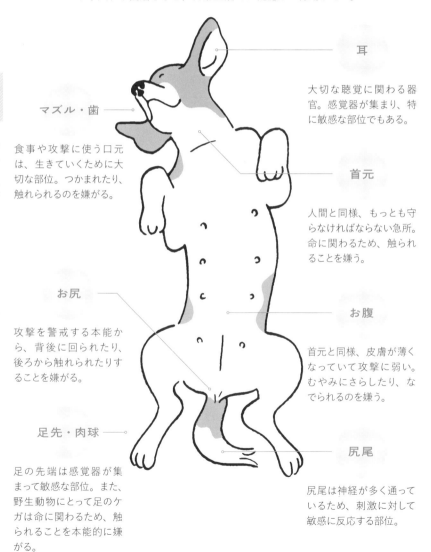

#「反省」や「後悔」はできない。緊張状態を避けるためのサイン

【叱っているのに知らん顔】

飼い主に厳しく叱られることは、犬にとってはストレスを感じる事態。「そっぽを向いて目をそらす」という一見関係のない行動によって、飼い主をなだめると同時に、自分の気持ちを落ち着かせ、緊張状態を解こうとします。

このように、相手との争いをさけ、群れを維持するのに役立つしぐさや姿勢を「カーミングシグナル」といいます。カーミングシグナルは、「もうイヤ」「やめてほしい」というギブアップの意思表示。気づかずに行動を続けると、犬のストレスは高まり、恐怖や不安が転じて攻撃行動に出る場合もあります。

ちなみに、カーミングシグナルは、人間が発信するのも有効です。顔を背ける、目を細める、姿勢を低くする、あくびをするなどの行動をしてみせることで、相手の犬に対して敵意のないことを示し、「落ち着いて」と伝えることができます。

もう叱られたくない。勘弁してよ……。

見逃したくないギブアップサイン

鼻をなめる、ゆっくりと歩く、体をブルブルと震わせるなど、
ここで紹介するもの以外にも様々なカーミングシグナルがある。
場合によっては違う意味を持つため、状況と合わせて総合的に判断したい。

【あくびをする】

あくびと一緒に、「アオーン」などと声を出すこともある。

【体をかく】

皮膚や身体の状態に異常があるわけではないのに、体をかく。

【低い姿勢を取る】

お腹を地面に近づけ、フセに近い態勢になる。

【体をそむける】

相手に対して自分の身体の側面を見せ、対峙を避けようとする。

ADVICE

ギブアップのサインを見せても悪気なく同じことを繰り返すもの

飼い主に叱られた犬は服従的な姿勢（p100）になることがありますが、これは飼い主の怒りに反応しているだけ。「反省」はできないので、悪気なく同じことを繰り返します。

望ましい行動を教える方法としては、報酬（おやつや褒めること）を使って同じ行動を繰り返して覚えさせるものが一般的。最近では、報酬を過度に与えず、自分から行動を起こしたときに軽く褒めることで状況に応じた行動を自ら判断できるようにする、という学習方法も注目されています。

【歌に合わせて遠吠えする】

仲間と同じ行動をとることで安心を得て絆を深めようとする

犬は本来群れで生活していたことから、「仲間と一緒」を好む動物。飼い主と一緒にいることはもちろん、飼い主と同じことをしたり、真似をしたりするのも大好きです。

例えば、クルッと回るといった無意味な動作でも、飼い主が何度も繰り返しているうちに真似するようになることがわかっています。この習性を利用して、飼い主にとって望ましい行動を教えるトレーニングメソッドもあるほどです。飼い主が歌えば、真似をして同じように声を出そうとするのでしょう。

また、犬の近縁種であるオオカミの遠吠えには、他の群れに対する牽制、遠くにいる仲間とのコミュニケーションの他、複数頭が合唱のように一斉に遠吠えすることで、群れの結びつきを強めるといった役割があります。犬も飼い主と声を合わせることによって、絆を深めようとしている可能性があります。

私もご一緒させていただきます！

社会性ゆえに飼い主や同居犬を真似る

飼い主と同じように、同居犬も、犬にとってはともに暮らす仲間。
多頭飼育の場合、お互いの行動を真似し合う姿もよく見られる。
一緒に行動する存在がいることで、より行動が促進される。

多頭飼育の来客吠え

多頭飼育で1匹が吠え始めると、他の犬もつられて吠えてしまうのは、同居犬を真似る習性ゆえ。同じ理由から、食欲がないのに同居犬につられてたくさん食べたり、散歩中に同居犬と同じ場所を嗅いだりすることも。

ADVICE

叱られても「反省」はできない。望ましい行動を学習させることが大切

上の例のように多頭飼育で一斉に吠えたり、散歩のときにみなで引っ張ったりといった行動がクセになってしまっている場合、まとめて叱っても効果は期待できません。みなで真似し合うことで行動が促進されていますし、そもそも犬は叱っても反省できません（p113）。

やめさせるにはまず、「最初に行動する1匹」を見つけること。見つかったらその犬にまず望ましい行動を教えることが解決の第一歩になります。

望ましい結果を得るためなら渾身の演技力を発揮する

【留守番前に病気のふりをする】

ケガをしているわけではないのに足を引きずったり、わざとくしゃみのような声を出すなど、犬の仮病はとても巧み。ですが、犬に「病気のふりをする」という認識はありません。

犬は、行動と結果を条件付けて覚えています。病気になったときに飼い主にやさしくされたり、特別なおやつをもらったりした経験から、「こうすればいいことがある」と覚え、具合が悪いふりをしているのでしょう。

一方、新しいペットを迎えたりしてかまってあげる時間が減ったときに、仮病のような行動が見られることも。自分の足をしつこくなめたり、飼い主の目の前でわざと食べたものを吐き出したりして、飼い主の気を引こうとします。こうした行動は「アテンション・シーキング」と呼ばれ、寂しい気持ちのあらわれ。犬との関係性がうまくいっているかどうかを見直すべきサインでもあります。

痛くて歩けない……。行かないで！ かまって！

自分と飼い主の行動を条件付けて学習する

犬も人間と同じように具合の悪いふりをすることがあるものの、
人間の仮病と犬の仮病は、成り立ちが異なる。
犬は、単に「望ましい結果」を得るための行動をとっているだけである。

人間の仮病

病気になれば、
心配して何か差し入れ
してくれるかも……

相手の気持ちを推測して利用する

具合の悪い自分を思いやる相手の心理や行動を推測し、自分に好ましい結果を得るために、病気のふりをする。

犬の仮病

（ 具合の悪いフリ ）

＝

（ 飼い主の関心 ）

（ 特別なおやつ ）

行動と報酬を結びつけて学習している

自分の行動と、飼い主からの関心や特別なおやつという「報酬」を結びつけて覚えた結果、報酬を引き出すために病気のフリをする。

【泣いていると様子を見にくる】

笑い声よりも泣き声に敏感に反応。悲しみを感じて寄り添うことも

涙を流す飼い主の側に寄り添ったり、顔をなめたり。こうした行動はなぐさめようとしているわけではなく、見慣れない様子に動揺し、状況確認のために行っていると考えられていました。しかし最近の研究により、犬は人間の悲しみを感じ取っている可能性が指摘されています。

録音した赤ちゃんの泣き声と笑い声を拡声器で聞かせて反応を見る実験によると、犬は笑い声より泣き声が再生される拡声器の方を気にすることがわかりました。そこでさらに、飼い主と見知らぬ人が泣いているところ、ハミングしているところをそれぞれ見せる実験（p119）を行った結果、飼い主にせよ見知らぬ人にせよ「泣いている人」に近づくという結果が出たのです。

状況確認が目的ならハミングしている人にも近づくはず。泣くという行為を特別に認識していることから、悲しみの感情を感じ取っていると考えられます。

大丈夫？ 悲しみは私にも伝わります。

飼い主だけでなく見知らぬ人の泣き声にも反応

実験では、2人が泣いている姿（20秒）、2人がハミングする姿（20秒）、
2人のそれぞれの姿（下の4種）を、順番に犬に見せる。
見せる順番は、犬によってランダムに変更した。

飼い主

フーン、
フフーン

しくしく…

知らない人

フーン、
フフーン

しくしく…

泣いている人に近づく

ほとんどの犬が「泣いている飼い主」「泣いている見知らぬ人」に近づいた。状況確認ならハミングにも近づくはず。また、飼い主だからという理由なら、見知らぬ人には近づかないと予想できる。

COLUMN

怖がっている飼い主は、ストレス。恐怖のにおいを嗅ぎ取っている

犬が人間の感情にどれくらい共感できるかはわかりませんが、感情を嗅ぎ分けることならできるといわれています。

2017年に発表された実験によると、怖い映像を視聴させた人の脇汗を採取して犬に嗅がせたところ、心拍数が上昇し、うろうろと歩き回ったり頭を振ったりといったストレス行動が見られました。逆に、楽しい映像を見た人の脇汗を嗅ぐと、不安や恐怖心が減ったのか見知らぬ人にも積極的に関わるように。嗅覚で感情を読み取っているといえるでしょう。

【飼い主が苦手なものは犬も苦手】

飼い主の行動や表情を手がかりに身の周りのことを判断している

子犬は最初、母犬が怖がるものを怖がります。これは、心理学用語で「社会的参照」と呼ばれる現象です。情報が少なくてどう行動したらいいかわからないとき、母犬の様子をうかがって表情や行動を観察し、それを手がかりにして自分の行動や反応を決めることができます。

犬の社会的参照は、飼い主や同居犬など、信頼できる相手に対しても起こります。飼い主が接触を望まない相手であれば、飼い主の声や様子から察知し、自分も接触を避けようとします。犬は飼い主の恐怖やストレスを嗅ぎ分けることができるといわれており（p119）、そうした情報も判断材料にしている可能性があります。

また、困っている飼い主に対して不親切にふるまった人には、食べ物で誘っても近づこうとしない、という実験結果も報告されています。飼い主への態度から「いい人」「悪い人」を見極めるのかもしれません。

飼い主さんが怖がるってことは、怖いものでしょ！

飼い主の反応から自分の態度を決める

こわばった表情、わずかな後ずさり、ストレスから出る嫌な汗……。
飼い主のわずかな変化を参照して、
自分がどうふるまうかを決定することができる。

飼い主がストレスを感じる相手を危険人物とみなす可能性も

ストレスを感じる相手と対峙した飼い主の、汗のにおいや緊張した表情、筋肉のこわばりなどを敏感に感じ取る。「信頼できる飼い主が緊張する相手＝警戒すべき相手」とみなし、威嚇したり、接触を嫌がったりする。

COLUMN

あくびもストレスも飼い主と共有。付き合いが長いほどシンクロ率がアップ

あくびがうつるのは、共感や関心から行動を真似るためですが、これは人と犬の間でも同じ。見知らぬ人より飼い主のあくびの方がよりうつりやすいことが実験でわかっています。

犬の呼吸や心拍数は飼い主とシンクロするといわれており、一緒に暮らす期間が長いほど、その傾向は強まります。また、ストレスもシンクロします。飼い主と犬の毛に含まれるコルチゾール量を調べた結果、長期間に渡ってコルチゾールの増減、つまりストレスレベルが同調したという報告もあります。

体臭が詰まった魅惑のアイテム。好きな相手のにおいにまみれたい

【飼い主のスリッパに大興奮】

犬は、人間よりもはるかに優れた嗅覚の持ち主です。においを感受する嗅細胞の数は、人間のおよそ36倍。嗅細胞が存在する上皮の表面積も広大です。すべてのにおいに対して敏感というわけではありませんが、酢酸やイソ吉草酸などの臭気に対しては特に敏感に嗅ぎ分けます。

そんな鋭い嗅覚を持つ犬がもっとも好むにおいといえば、飼い主のにおい。fMRI検査で犬の脳を調べると、飼い主のにおいを嗅がせたときは、大脳の「尾状核」を含む部分が活性化されることがわかっています。尾状核は、脳内報酬系を活性化させるドーパミン受容体が密集している部位。おやつやほめ言葉に反応して、活性化する部分でもあります。つまり犬にとって、飼い主のにおいは報酬と同じ。なかでも足のにおいは、犬の体臭と共通する成分も含まれているため、犬にとってはすこぶる魅力的なにおいだと考えられます。

ちょっぴり不快なにおい。そんなものが犬には魅力的

飼い主の「ちょっぴり臭いにおい」が、犬にとっては魅惑の香り。
スリッパだけでなく、靴下や靴、寝具など、
体臭が強くついたものには大喜びで反応する。

脱いだ靴・靴下

大好きな飼い主の体臭が強く残っている。また、足の悪臭の原因物質「イソ吉草酸」は、犬の体臭にも含まれるため、犬にとって安心できるにおいでもある。

洗っていない枕や寝具

靴下と同様に飼い主の体臭が強いうえ、「イソ吉草酸」は汗のにおいや加齢臭にも含まれる。飼い主のベッドは自分の寝床と同じくらいリラックスできる場所。

ADVICE

興奮してボロボロにしてしまうときは「おもちゃ化」している可能性も

飼い主のにおいにまみれたいという一心から、スリッパや靴下に夢中になってじゃれついているうちに、おもちゃのような存在になってしまっている場合があります。

犬は「おもちゃ」と「そうではないもの」をわけて考えることはできません。噛み心地が同じなら、靴下も布製のおもちゃも分け隔てなくボロボロにしてしまいます。困る場合は、ゴム製など、衣料品とは異なる素材のものをおもちゃとして選ぶことで、区別させることができます。

近づいてにおいを嗅がないと本物と偽物を見分けられない

【犬のぬいぐるみや写真に威嚇する】

犬は、他の犬の姿形を見たとき、視覚情報だけで犬だと特定できるといわれています。しかし視力は弱く、およそ0.2〜0.3程度しかありません。少し離れたところにあるものは、シルエットがぼんやりわかるくらいで、二次元と三次元の区別も曖昧です。

等身大の犬の絵を見せると、絵の犬の頭やお尻の部分を嗅いで挨拶のような行動に出ることもあります。ぬいぐるみや写真に対して威嚇する場合は、本物の犬と間違えているのだと考えられます。とはいえ、至近距離にあるものは見えづらく視覚ではなく嗅覚によって判断するため、警戒しながら近づいてにおいを嗅げば、本物ではないことがわかって興味を失います。

ちなみに、鏡に映る自分の姿に対しても、最初は本物の犬と勘違いして怖がったり威嚇したりすることがありますが、最終的にはにおいで判断。やがて慣れて、無関心になります。

知らないやつがいるぞ……!

においがしない相手に違和感を持ち、やがて慣れる

鏡に映る姿が自分だと認識することを、「鏡像認知」という。
チンパンジーの他、イルカやシャチ、ゾウなども鏡像認知ができる。
一方、犬はできず、鏡に映るのは他の犬だと思っている。

鏡の中の犬が自分だとは思わない

怖がったり吠えたりすることもあるが、嗅いでもにおいがしないため犬ではないことを理解する。さらに何度も目にするうちに危険なものではないと認識し、存在に慣れて無関心になっていく。

COLUMN

テレビの中の犬にはどう反応する？ 興奮する犬もいれば反応が鈍い犬も

犬は動いているものを素早く識別できます。1秒間に表示できるコマ数が少ない旧型テレビの場合、人間よりも多くのコマを処理してしまい、カクカクして見えるといわれます。

テレビに出てくる犬のことは、姿形から「犬」と認識します。吠えるのにつられて自分も吠えたり、相手を追いかけてテレビの後ろに回り込む犬もいます。一方、においがしないせいか、あまり興味を示さないことも。特に視覚より嗅覚に頼るハウンド系の犬（p64）は、反応が薄いといわれています。

【ごはんもおやつも一気食い】

野性時代の生存本能から積極的に食い溜めしてしまう

犬の祖先である野生のイヌ科動物は、狩りによって食糧を得ていました。しかし毎回狩りが成功するとは限らず、食べられるときに食い溜めをして飢えに備える必要がありました。また、仕留めた獲物はその場で食べられるだけ食べ、巣に戻ってから吐き戻して子どもに与えました。

こうした習性から、基本的に目の前にある食べ物は一気に平らげようとします。一方で、現代の犬は飢えの恐怖にさらされることがないため食べ物への執着が減り、食の細い犬や好き嫌いの激しい犬も増えています。

ちなみに、近縁種であるオオカミは肉食ですが、犬は肉を中心とした雑食。もともとは肉食でしたが、穀物を主食とする人間と共に暮らし、その食糧を分け与えられたりするうちに食性が寄ったと考えられます。オオカミに比べるとデンプン分解力が高く、穀物もある程度消化することができます。

食べられるうちに食べておかないと！

一度に大量に食べて吐き戻しもしやすい

もともと肉中心の雑食性のため、腸が短くシンプルな構造。
胃には構造上吐き戻しやすい特徴があり、
一気食いの後、大量に戻してしまうことも珍しくない。

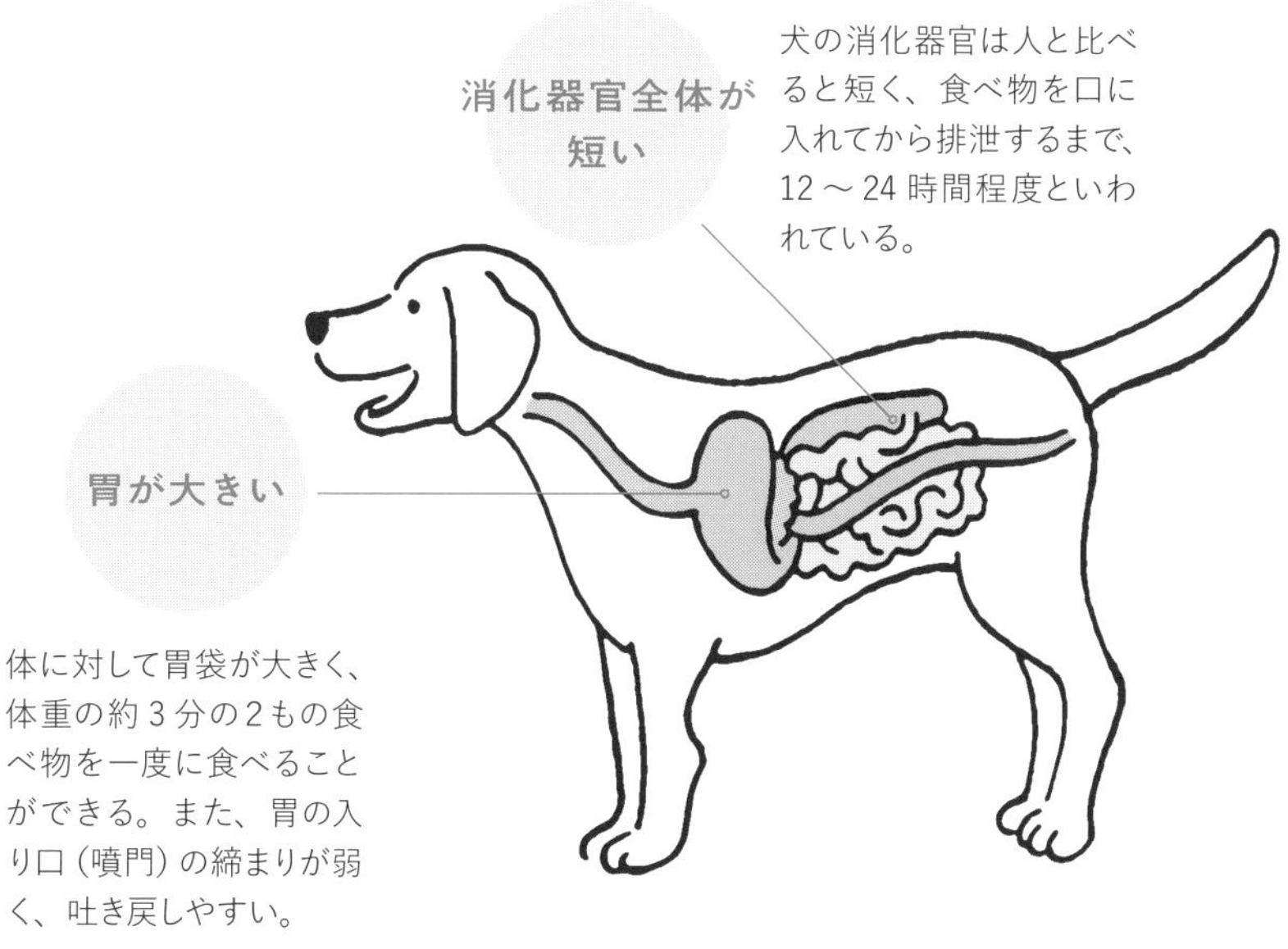
消化器官全体が短い
犬の消化器官は人と比べると短く、食べ物を口に入れてから排泄するまで、12 〜 24 時間程度といわれている。
胃が大きい
体に対して胃袋が大きく、体重の約 3 分の 2 もの食べ物を一度に食べることができる。また、胃の入り口（噴門）の締まりが弱く、吐き戻しやすい。

COLUMN

人よりも味オンチで甘党？ 味蕾の数は少ないが甘みには敏感

味を受容する味蕾の数は人間より少ないものの、糖や酸に反応する受容体を比較的多く持っており、甘酸っぱい果物などを好む傾向があります。

いつ食べ物が手に入るかわからない野性下にあっては、何でも食べられることが重要。目新しいものや質の悪いものも食べ、味も気にしません。一方、飼育されている犬の場合は嗜好性が存在します。特に子犬の頃から同じものを食べ続けてきた場合、嗜好性に偏りが出るともいわれています。

体内時計と周囲の状況から、時間を読んで行動できる

【食事の時間にはスタンバイ】

人は時計を見なくても、大まかな時間帯を把握できます。これは本来備わっている「体内時計」のおかげ。意識せずとも日中は活動状態に、夜間は休息状態に心身が切り替わります。

犬にも人と同じように、体内時計が存在します。「時間」の感覚は持たないものの、起床や食事、散歩、就寝などの大まかなタイミングは体が覚えていると考えられます。

加えて犬は、普段から飼い主の行動をつぶさに観察しています。上着を着れば「散歩」、エプロンをつければ「食事」など、飼い主の行動と次に起こる出来事を結びつけて覚えているため、まるで時間を読んで行動しているかのように見えるのでしょう。

また、嗅覚によって時間帯を把握しているという説も。時間が経つにつれて変化する室内の空気の温度変化、人や物の残り香の濃度などから、時間を知ることができるといわれています。

ごはんの支度を始める前に気づかれることも。

正確に刻む体内時計を支えている要素

人と同じように、犬の体内時計も日々少しずつ誤差が生じる。
心身ともに健康に過ごすためには、ズレを解消し、
規則正しいリズムを刻むよう調整する必要がある。

食事

深夜に餌を与えることが、犬の体内時計を乱す要因の1つになるという研究も。最適な食事のリズムは、1日2回（7時、19時）や1日3回（7時、12時、19時）といわれている。

日の光

体内時計は日々少しずつ誤差が生じていくが、朝日を浴びることによってリセットされ、誤差が修正される。免疫機能やホルモンバランスの調整のためにも朝の日差しは重要。

飼い主の生活リズム

犬の1日の生活リズムは、飼い主の生活リズムに影響を受けやすい。起床時刻や散歩のタイミング、就寝時刻などを規則正しく保つことで、犬の体内時計も整っていく。

【わざわざ狭いところで寝る】

巣穴みたい！ 薄暗いくぼみは犬にとって落ち着く居場所

犬の祖先に当たる野生のイヌ科動物は、地中に掘った洞穴や崖にできた横穴などを巣としていました。そうした巣穴を思わせるような、薄暗く、三方を囲まれた狭い場所、さらに自分のにおいが強く残っているような場所だと落ち着いて過ごせます。一見窮屈そうに見えるクレート（箱型のハウス）やケージ（柵のついたハウス）を好むのは、この習性からです。

ちなみに、寝る前に自分の寝床を掘るようなしぐさをしたり、踏みならすようにくるくる回ったりするのも、巣穴を掘り、寝床を居心地よく整えようとする本能的な行動といえます。

一方、リビングのソファやカーペットの真ん中、飼い主のベッドの上など、巣穴の雰囲気とは程遠い場所で眠る犬もいます。飼い主に守られ、身の危険を感じることがなくなったために、安心して広々とした場所で眠るようになったのでしょう。

野性時代の寝床は、地中に掘った洞穴だった。

犬が落ち着いて眠れる場所には条件がある

寝床としてだけでなく、来客があったり、雷などの
大きな音に驚いて不安なときなどにも、
落ち着ける居場所があると、安心して過ごすことができる。

薄暗い

洞穴を思わせるような、三方を囲まれた薄暗い場所を好む。天井がない場合は、布で覆うなどして光を遮る。

家族の姿を見渡せる場所

飼い主家族の存在を感じることで安心できるもの。家族の姿や動きを見渡すことができる部屋の一角などは、居心地が良い。

狭い

余裕がありすぎると落ち着かない。ぎりぎり立ち上がったり、方向転換したりできるくらいの広さが理想。

自分や仲間のにおいがする

自分自身や仲間である飼い主のにおいがすると心が安らぐ。いつも使っている毛布などがあるとベスト。

静か

来客が多く行き来する玄関など騒がしい場所は刺激が強すぎる。寝室や居間の隅など静かな場所を好む。

くぼんでいる

自然に掘られたようなくぼみがあると、体を横たえたときにちょうどぴったりとはまり込み、落ち着く。

【人間みたいに寝言を言う】

浅い眠りを何度も繰り返す。「レム睡眠」は犬にも存在する

成犬の1日の平均睡眠時間は約12～14時間といわれています。といっても、人間のように夜に長時間ぐっすり眠るわけではありません。ちょっとした物音や気配に反応してすぐ覚醒するような浅い眠りを1日に何度も繰り返し、夜だけでなく昼間もよく眠ります。成長期の子犬やシニア犬の場合は、睡眠時間が長くなる傾向があります。

　睡眠中は、人と同じように「レム睡眠」（体は休んでいるが脳は起きている状態）と、「ノンレム睡眠」（脳も体も熟睡している状態）を繰り返します。

　寝ている間に、遠吠えや鳴き声など「寝言」のような声を出したり、急に足をばたつかせたりといった不思議な行動を取ることがあります。人が夢を見たり寝言を言ったりする睡眠相（レム睡眠）が犬にも存在していることから、人と同じように夢を見て寝言を言っているのだと考えられます。

走っている夢を見ているのかも。

リラックス度のバロメーター。犬の寝相をチェック

犬の寝相は様々。そのときの感情がわかりやすくあらわれている。
寝相をチェックすることで、
安心感のレベルを読み解くことができる。

丸くなっている

急所であるお腹や内臓を守る。寒いときには、体温を逃さないためにこの姿勢で眠ることが多い。緊張し、身を守ろうとする気持ちのあらわれであることも。リラックス度が高まり熟睡モードに入ると、足を投げ出し横向きに寝る。

うつ伏せ

何かあればすぐに立ち上がって走ることができる体勢。周囲の環境に不安やストレスを感じ、警戒している証拠。この姿勢では熟睡しづらい。

仰向け

へそを上に向けるため「へそ天」とも呼ばれる。急所を無防備にさらしていることから、警戒を解き、リラックスして安心しきっている状態といえる。暑いときにも出やすい。

【留守番中のはっちゃけ】

飼い主不在は、退屈で寂しい！悪意のないいたずらでストレス発散

犬は基本的に留守番を嫌います。もともと群れで生活し、社会性があるため、仲間である飼い主と一緒にいることで安心する動物。飼い主の不在は心細く、苦痛すら感じることもあります。特に人にかわいがられるために改良されてきた愛玩犬種（p70）は、飼い主に対する愛情要求が強く、留守番を苦手とする傾向があります。

とはいえ「飼い主がやがて戻ってくる」ということを理解している場合、短時間であれば待つことができます。留守番中は昼寝をしたり遊びを見つけたりして、寂しさや退屈を紛らわせます。普段飼い主から禁止されていることをあえてやってみることも。こうした行動が、飼い主の目にはいたずらや問題行動として映る場合があります。

また、寂しさがつのって解消できないほどにストレスが強くなると、治療が必要になることもあります（p136）。

仲の良い同居犬がいると気持ちが紛れる。

ひまを持て余して様々なことをして時間をつぶす

犬は夜行性（p50）であるうえ、昼間でもよく眠るため（p132）、
昼間の留守番では長時間寝て過ごすという犬も多い。
寝ている時間以外はひまつぶしに様々な行動に出る。

- スリッパなどをボロボロにする
- 窓の外を監視して吠える
- 昼寝をする
- ゴミ箱をあさる
- 普段禁じられていることをする

昼寝に飽きると、おもしろいことを探し求めて部屋を歩き回り、様々な行動を取る。飼い主がいない隙をみはからうように、普段は禁じられていること（ソファやテーブルの上によじ登るなど）をする犬もいる。

ADVICE

留守番はできるだけ短時間に。昼寝のタイミングに合わせて外出を

留守番中の飼い犬の寂しさを最小限に抑えるためには、留守番はできるだけ短時間に留め、昼寝（大抵１～３時間程度）のタイミングに合わせて外出するといいでしょう。

できるだけ興味を引くものを用意しておくことも大切です。いつも遊んでいるものとは違った魅力的なおもちゃやおやつなどを、犬が自力で取り出せるような袋に詰め、見つけられる場所に隠しておきます。探すという行為、おもちゃで取り出して遊ぶという行為で、長時間楽しむことができます。

【尻尾を追ってぐるぐる回る】

不安や退屈、ストレスがおかしな行動となってあらわれる

犬は不安やストレスが強すぎてうまく解消できないとき、自分の尻尾を追いかけて回ったり、前足をなめ続けたりと、延々と同じ行動を繰り返すことがあります。これを「常同行動」といいます。最初は退屈や不安を紛らわせようとやってみたり、おもしろくて始めたことがクセになってやめられなくなることも。行動が行き過ぎて自分を傷つけるほどにまで発展すると、「常同障害」として治療が必要になります。

常同行動の裏には、「分離不安症」という病気が隠れている場合もあります。分離不安症では、飼い主への依存が強すぎて、留守番などのちょっとした別離にも耐えられません。常同行動の他、声が枯れるまで吠え続けるなどのパニック行動があらわれる場合もあります。留守番だけでなく、引っ越しや新しい家族が増えるといった環境の変化、加齢など、様々な理由から不安が強くなることで起こります。

最初はおもしろくてやっていたことがクセになることも。

耐え難い寂しさや不安感から病気になる場合も

理解できない行動や、いたずらのように見える失敗の背景には、
強い不安やストレスが隠されている場合がある。
飼い主に依存しすぎて離れられない分離不安症の可能性も。

常同行動

- 自分の前足をなめ続ける
- 尻尾を追いかけてぐるぐる回る
- 同じところを行ったり来たりする

など

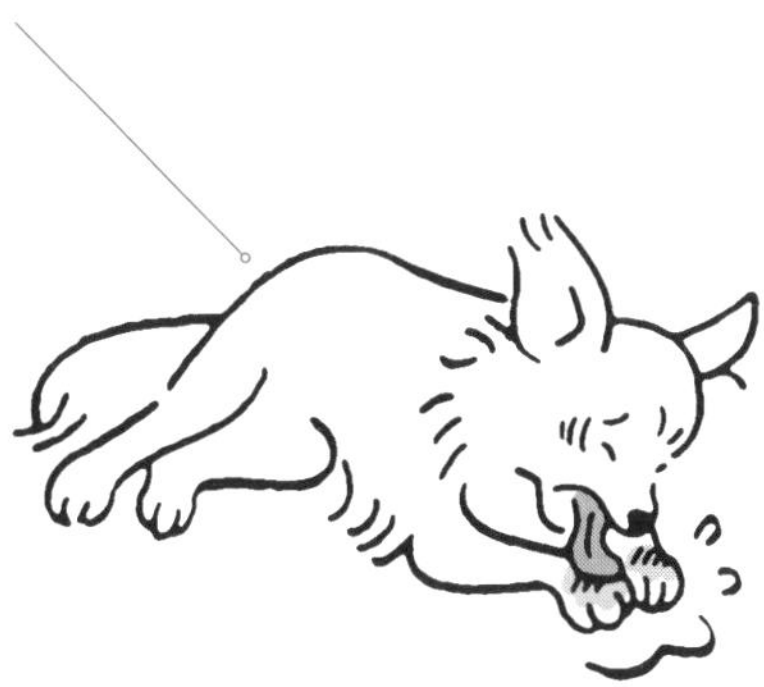

ストレスが自分に向かい、不安な気持ちを紛らわせるために延々と同じ行動を繰り返すようになる。こうした行動を止められずに「常同障害」に発展すると、なめ続けたところがただれたり、尻尾を噛みちぎるなどのケガにつながる。

分離不安によるパニック行動

- いつもはできているのに粗相をする
- ものを激しく壊す
- 声が枯れるまで吠え続ける

など

不安な気持ちが強すぎると、パニック状態に陥り、トイレの失敗や異常に激しい無駄吠えなどの行動としてあらわれる。飼い主にとっては困った問題行動やいたずらに見えるも、犬に悪気はない。

嗅いで嗅がれて自己紹介。においによる挨拶で仲良くなる

【お尻のにおいを嗅ぐ】

犬同士の挨拶は、優れた嗅覚を用いて行われます。個体の情報がもっとも詰まっているのは、肛門嚢から出る分泌物や尿のにおい。そこで、お互いのお尻や陰部をじっくり嗅ぎ合うことで、強さや健康状態などの情報を交換します。相手が何者かわかり、優劣がはっきりつくと、お互いに安心して一緒に遊ぶことができるのです。

お尻を嗅ぎ合う挨拶方法は、基本的に生後3~8週齢頃の社会期前半に母犬から学びますが、早期に離乳することでその機会を逃し、挨拶がうまくできないまま成長する犬もいます。挨拶上手な犬は、自分も嗅ぎながら相手も嗅ぎやすいよう上手に体勢を変えるため、挨拶がスムーズに進みます。一方、挨拶が苦手な犬は、恐怖心や警戒心が強く働き、嗅ぐのも嗅がれるのも苦手。逆に興奮してしつこく嗅いでしまい、相手から疎ましがられるというパターンもあります。

人のお尻や股間を嗅ぐのも似たような理由から。

嗅がせ上手は挨拶上手。自己紹介の流れをチェック

遠くにいる犬は、まず嗅覚を使って存在をキャッチ。
少し近づき、視覚や聴覚によって様子を確認したら、
においの交換による自己紹介が始まる。

STEP 1

興味を持って近づき、口元を嗅いで様子を確認。姿勢を低くし、耳を後ろに寝かせ、敵意がないことを示す犬も。

STEP 2

すれ違うように後方に回り込み、お互いのお尻や陰部を嗅ぎ合う。相手の強さや体調などの情報を収集する。

STEP 3

嗅ぎ合って優劣が決まると、劣位の犬は相手が嗅ぎやすい体勢を取り、優位の犬に存分に嗅がせる。

ADVICE

挨拶が上手にできない犬は、穏やかな気質の犬に相手をしてもらって練習を

幼い頃に挨拶の方法を学べなかった場合は、成長してから身につけるしかありません。

気性が穏やかで、犬が好きな犬に相手になってもらい、挨拶の練習をします。相手の犬には伏せてもらい、こちらから近づきます。近づく様子をよく見て、怖がったり威嚇したりする場合は一旦ストップ。怖がらない範囲で慣れさせていきます。成長してからだと時間はかかりますが、少しずつ挨拶の方法を身につけていくことができます。

楽しいから思わずやってしまう？
性衝動とは無関係のケースも多々

【人や犬へのマウンティング】

マウンティングとは本来、交尾の際にオスがメスの腰や背中にのりかかる行為を指します。しかし、メスや離乳前の子犬がすることもあり、対象も犬とは限りません。

よくあるのは、相手の犬に対して自分の優位性を示すためにマウンティングするケースです。

一方飼い主に対するマウンティングは、多くの場合、気を引くためや興奮からしていると考えられます。優位性アピールであれば他の場面でも優位的な態度に出るはずですが、飼い主への愛着が強く、従順な犬がすることが多いため。ストレス発散や暇つぶしのために、「もの」に対してすることもあります。

マウンティングには精巣から分泌されるホルモンが関係しており、分泌量が多いオスほどマウンティングしやすい傾向があります。去勢すると減りますが、クセになっている場合はやめさせることが難しくなります。

悪意のない行為でもされた側はストレスになる。

単なる遊びや興奮による行動がエスカレート

マウンティングの理由は、対象やシチュエーションによって様々。
性衝動以外には、下記のようなケースがある。
いずれにせよクセになりやすく、時間がたつほどやめさせづらい。

他の犬にする場合

性別関係なく、「自分の方が上だ」とアピールし、序列を確認するために行うことがある。離乳前の子犬の場合は、遊びの一環でしていることも。

飼い主にする場合

遊びや喜びの表現としてマウンティングする場合がある。また、「遊んでほしい」「かまってほしい」という要求を込めて行うこともある。

ぬいぐるみや家具にする場合

お気に入りのものに対する支配欲やストレスを発散したい気持ちからマウンティング。暇つぶしにやってみたら、楽しくなってやめられなくなるケースも。

ADVICE

「やめて」と言われるとくり返す？ 無反応を徹底してやめさせる

マウンティングをやめさせたい場合、叱っても効果はありません。学習の要素が強いため、くり返させないことが重要。「マウンティングする状況」を作らないよう工夫します。

他の犬に対してする場合は、する前に引き離します。飼い主に対してマウンティングする場合は、反応が返ってくることそのものが楽しくてやっているため、無反応を徹底します。されそうになったら体を背け、マウンティングの姿勢をとらせないようにします。

甘え、防御、仲良くしたい！ 様々な気持ちを込めてゴロン

【お腹を見せる】

仰向けになって急所をさらすのは、命に関わる行為。本来動物が、相手の前で仰向けになることはまずありません。犬が飼い主や他の犬の前でゴロンと仰向けになるのは、犬が社会的な動物であることの証です。

元々は、群れの仲間内で序列を確かめ、無用な争いを避けるために儀式化（p108）された行動の1つ。劣位の犬はこの服従姿勢によって降参を示し、優位の犬は攻撃をやめます。

しかし、今では服従の意味合いでお腹を見せることは少ないといわれています。服従姿勢が転じ、犬同士の遊びの最中に「もう終わりにしよう」くらいの軽い気持ちでお腹を見せたり、挨拶代わりに仰向けになっていることが多いようです。

人に対してお腹を見せるときも、服従姿勢とは限りません。単になでてほしいだけで服従の意図はなく、突然攻撃に転じる場合もあります。

服従姿勢…かと思いきや、一転攻撃も！

シーンによって様々。犬がお腹を見せる理由

犬にとってお腹を見せる行為は、コミュニケーション手段の1つ。
子犬の頃、母犬やきょうだい犬との関わりのなかで学ぶ。
早期離乳によって、タイミングや状況がわからない犬もいる。

【 服従姿勢 】

● 飼い主に叱られたとき
● 犬同士でケンカしたとき

さらなる争いや攻撃を避けるために、自分の負けを表明し、服従の気持ちを示す。

【 降参を表明する 】

● ケンカ遊びの最中

エスカレートして度を過ぎてしまう前に、降参の意思を示して終わらせようとする。

【 敵意なしを主張 】

● 犬同士の挨拶の中で

急所をさらすことで、こちらに敵意がなく、良好な関係を築きたい気持ちを表明する。

【 甘え 】

● 飼い主や他の人と遊んでいるとき

甘えたい気持ちや、なでてほしいという要求から仰向けに。同時に尻尾を振ることも。

【わざわざ高いところにオシッコ】

高ければ高いほど良い！自己アピールの手段として放尿する

オスの犬が後ろ足を上げてオシッコをする行動は、「マーキング」と呼ばれるもの。尿によって自分のにおいを残し、周りの犬に対して行動圏（p76）を主張します。そこを通った犬はにおいから相手の情報を読み取り、反射的に上書きするように尿をかけ、自分の存在をアピールします。

足を上げるのは、なるべく高い位置にオシッコをかけることで自分の大きさ（強さ）を顕示するためといわれています。最近では、体の小さな犬ほど足を高く上げて排尿するという説もあります。片足どころか両足を上げ、逆立ち状態になって器用に放尿する犬もいます。

マーキングには精巣から分泌されるテストステロンというホルモンが関わっています。そのため、特にオスの本能的行動として知られていますが、気の強いメスや発情期のメス、出産経験のあるメスも、まれに後ろ足を上げて排尿することがあります。

より高くという気持ちがあふれ、逆立ちする犬もいる。

他の犬のオシッコを自分のオシッコで上書き

電柱や木など側面が丸いものに排尿するのは、かかりやすいから。
先にかけた犬のオシッコ跡をチェックし、その上からかけるため、
大体いつも同じ場所でマーキングすることになる。

大型犬は…

もともと身体が大きいので自分を大きく見せる必要はない。また、当然高い位置にかけられるため、必死に足を上げる必要はないのかも。

小型犬は…

大型犬のオシッコ跡に張り合うため、アクロバティックに足を上げ、より高い位置にかけようとする。

オシッコ跡の高さは、体の大きさ、強さを示すもの。大型犬より小型犬の方がより必死に足を上げるといわれている。

COLUMN

メスのオシッコには、発情を知らせる情報も含まれている

オスの排尿にマーキングの意図がある一方、メスの場合は単なる排泄であることがほとんど。基本的には、後ろ足を曲げて腰を落とし、尻尾やお尻周りを濡らさないように排尿。終わったら振り返り、跡を確認します。

発情期のメスのオシッコには、周囲にいるオスに発情を知らせるフェロモンが含まれています。より強く発情をアピールするためか、この時期になるとオスのように後ろ足を上げて排尿をするメスもいます。

ひょっとして獲物が隠れている？本能から思わず探索してしまう

【穴に顔を突っ込む】

犬は、塀の隙間や生垣に開いた穴など、散歩中に見つけたあらゆる穴に顔を突っ込もうとするものです。

この行動は、祖先のイヌ科動物が狩りのとき巣穴に顔を突っ込み、獲物を探していたことに由来します。この本能を引き継いでいるため、今でも穴を見ると顔を突っ込んで探索せずにはいられません。

散歩中はもちろん家の中でも、ちょっとした穴があれば顔を突っ込もうとしますし、狭い穴に無理やり顔を押し込んで抜けなくなることさえあります。

野生時代から備わっている本能行動は、人の仕事を手伝ううえで都合が良いよう、犬種改良の過程でさらに伸ばされています。テリア種（p58）やダックスフンド（p60）など、地中の獲物の巣穴に突撃するスタイルで狩猟を手伝っていた猟犬たちは、特にこの傾向が強いといえるでしょう。

野生時代の獲物の巣穴は、たいてい地中にあった。

散歩中の不思議な行動の裏には本能が隠れている

穴に顔を突っ込むこと以外にも、
野生時代の本能や、犬種としての特性に裏打ちされた様々な行動を、
散歩中に垣間見ることができる。

【 引っ張りグセ 】

バーニーズ・マウンテンドッグやシベリアン・ハスキーのように、荷車やソリの牽引を仕事としていた犬の場合、引っ張りグセが問題になることも。

【 やたらと吠える 】

狩猟において、吠えることで獲物を追い詰める役割を担っていたテリア系やハウンド系の犬の場合、大きく立派な吠え声が特徴的。

【 鳥や小動物を追いかける 】

野生時代に獲物としていた鳥や小動物を見ると、本能的に反応してしまう。実際に仕留めることもあるが、追う行為自体で満足する場合も多い。

【 水たまりにダイブ 】

水鳥猟で、ハンターが仕留めた水鳥を回収する仕事に携わったレトリーバー系の犬は、水辺を好む習性がある。水たまりなどに飛び込むことも。

汗や引っかき痕をつけることで近所の犬に縄張りをアピール

【排泄後に地面をケリケリ】

排泄後、特にオスにおいて、後ろ足で自分のウンチに砂や土をかぶせるように蹴り上げることがあります。ウンチを隠して自らの痕跡を消そうとしているように見えますが、むしろ逆。周囲の犬に対して存在をアピールし、ここが自分の行動圏であることを示す「マーキング」の一種です。後ろ足を高く上げてオシッコをするのと同じです。

肉球の汗腺から出た汗や足の被毛についた自分のにおいを地面にこすり付けると同時に、砂や土と一緒にまき散らすことで、少しでも遠くに拡散しようとします。蹴り上げるときに地面についた引っかき痕もまた、他の犬へのアピールになります。

ちなみに排泄後、地面を蹴る前に、自分のウンチやお尻のにおいを嗅ぐ行動もよく見られます。これは排泄物のにおいに異常がないか確認することで、健康状態をチェックしていると考えられます。

痕跡を隠すのではなく、
目立たせるのが目的。

排泄前後のおかしな行動は他にもある

人間にも気持ちが理解できそうなものから、
到底理解できないようなものまで。
排泄にまつわるおかしな行動には、様々なものがある。

ウンチの前後に走り出す

便意からの興奮や解放感でじっとしていられない

排泄前は便意からくる興奮、排泄後は解放感から落ち着きなく走り出してしまう。排泄後は、無防備な状態から一刻も早く抜け出そうという気持ちが含まれる可能性も。こうした行動は「トイレハイ」とも呼ばれる。

ウンチのときにチラチラ見る

褒めて! 見ないで! 状況によって様々

「無防備な状態なので見張っていてほしい」「うまくできたら褒めてほしい」という気持ち、飼い主と視線が合うことで「そんなに見ないで」「叱られるかも」など、シーンや犬によって様々な気持ちが隠されている。

ウンチを食べても驚くなかれ。子犬の頃から見慣れた自然な行動

【自分の排泄物を食べる】

犬の食糞は、初めて目にする飼い主にとってはショッキングなもの。しかし多くの場合、異常行動ではなく、野生時代の習性に端を発した自然な行為です。

母犬は、子犬のお尻をなめて排泄を促し、出てきたウンチを食べてきれいにします。子犬はこれを見ながら育つため、食糞を普通の行動と認識しています。

また、本来であれば巣穴を清潔に保ち、外敵から身を守るため、巣穴から離れた場所で排泄するもの。ですが、ケガや病気などで動けず巣穴で排泄してしまった場合、仲間の犬はそれを食べることで巣穴の中の衛生を保つと同時に痕跡を消し、外敵を欺《あざむ》こうとします。早めに食べることで、便の中に潜む寄生虫が孵《ふ》化して感染症が広がるのを防ぐ「寄生虫対策」としての意味合いもあったといわれています。

一方で、飼い主との関係や飼育環境に問題が生じ、食糞している場合もあります。

人間から見ると不審な行動だが、野生下ではごく普通のこと。

本能行動が転じ、退屈しのぎで食べることも

本来の食糞は、合理的な理由に基づく本能行動の1つ。
食べたときの飼い主の反応を求めたり、遊びの一環として
繰り返すようになることもある。

野性時代の行動の名残から

巣を清潔に保ち、痕跡を隠す本能行動

母犬はお世話の一環として子犬のお尻をなめてウンチを食べ、子犬はそれを見ながら育つため、食糞は本来自然なこと。また、巣穴や寝床を清潔に保つため、排泄物の痕跡を隠して外敵から身を守るためなど、本能的な行動に由来する。

飼い主との関係や飼育環境から

寂しさや退屈からくる行動

飼い主の気を引こうとして見ている前で食糞したり、排泄で叱られた経験からウンチを隠そうとして食べることがある。また、留守番などの寂しい気持ちを紛らわせるために食べたり、退屈しのぎにおもちゃや遊びの代わりに食糞することもある。

【臭いものに体を擦りつける】

腐敗臭は魅力的なにおい。身にまとうと落ち着いて過ごせる

犬は、汗や皮脂、排泄物など「臭いにおい」を好みます。ミミズの死骸などの腐敗臭もたまりません。野生時代には腐肉も食べていたことから、犬にとっては非常に好ましいにおいの1つ。大好きなにおいにまみれて存分に堪能したいという一心から、興奮状態で体を擦りつけます。飼い主のにおいがする服や靴に体を擦りつけ、安心を得る（p122）のと同じです。

また、野生時代では狩りの際に自分の身を隠して獲物に近づくため、獲物の糞や腐った死骸などを体に擦りつけて体臭を隠したといわれています。その名残から、臭いものに体を擦りつけるのだと考えられます。

ちなみに、左右の鼻で異なる神経経路が使われており、においを嗅ぐときに左右の鼻の穴を使い分けることがわかっています。好ましいにおいは左の鼻の穴で、苦手なにおいは右の鼻の穴で嗅ぐといわれています。

飼い主はゾッとする状況でも犬は幸せ。

人間には理解不能。犬が好むにおいとは

人にとっては臭いと感じられるような強いにおいがお気に入り。
散歩中、道端に落ちた腐りかけの食べ物などにも反応するため、
誤食しないよう注意する必要がある。

ミミズや昆虫の死骸のにおい

散歩中に落ちているミミズや昆虫の死骸は、土や泥のにおいと腐敗臭が入り混じったもっとも魅力的なにおい。

タンパク質の多い食べ物のにおい

強い食欲から食べ物全般に反応するが、なかでも肉や魚、チーズなど、動物性タンパク質を多く含むもののにおいを好む。

生ゴミなどのにおい

台所のゴミ箱や、道に落ちている腐りかけの物は、大好きな食べ物のにおいに腐敗臭が混じり、さらに魅力的なにおいに。

COLUMN

さわやか系は好みじゃない？ 覚えておきたい「嫌いなにおい」

犬が嫌うのは、柑橘類やハーブなど、爽やかな香り。酢や香辛料など刺激的な香りも嫌います。また、アルコールも苦手。犬は体内でアルコールを分解することができず、鋭い嗅覚が仇となってにおいだけで酔ってしまうこともあります。

犬にいたずらされたくないものに嫌いなにおいをつけるなど、しつけに利用されることもありますが、においに敏感な犬にとっては大きな苦痛を伴うもの。体調不良につながることすらあるため、避けるべきです。

【車やバイクを追いかける】

本能スイッチON！獲物のように追いかけてしまう

　犬は優れた動体視力の持ち主（p96）。動くものに敏感に反応します。自動車やバイク、自転車、走っている人など、目の前を素早く走るものを見ると、本能的にスイッチが入り、思わず追いかけてしまうことがあります。動体視力を活かして仕事に当たっていた狩猟犬や牧畜犬は、特にこの傾向が強くあらわれるといわれています。

　野性下では、獲物を追いかけ、追いつき、仕留めて食べることで満たされますが、犬はたとえ追いつかなくても全速力で追いかけるだけで大満足。元々は狩猟本能にもとづいた行動ですが、今では狩りというより遊びの一環になっているのです。ディスクやボールなどのおもちゃを追いかけるのも同じ理由からです。

　ただし、鳥やネズミ、昆虫など小さなものが相手となると、遊びではすまない犬も。狩猟本能全開で執拗に追いかけ、実際に仕留めてしまうこともあります。

追いつけなくても追いかけるだけで幸せ。

仕留めなくても大満足？ 犬が追いかけるもの

ほとんどの時間を家の中で過ごす犬にとっては、
全速力で走ることそのものが、心満たされるひととき。
たいていの場合は、仕留めなくても追いかけるだけで満足する。

【車・バイク・走る人】

速い動きを敏感に察知する

スピードの速いものには敏感に反応する。スイッチが入ると興奮状態になり、我を忘れて全速力で追いかけてしまう。追いついても仕留めることはない。

【鳥、ネズミ、虫】

小動物は仕留めることもある

野生下の本能を色濃く残している犬の場合、鳥やネズミなどの小動物や昆虫などは、追いかけるだけでなく、仕留めてしまうこともある。

【飛んでいくディスクやボールなど】

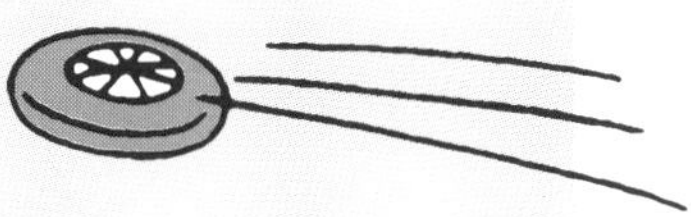

遊びの一環として追いかける

人間が投げたディスクやボールを、抜群の動体視力を生かしてキャッチする。獲物というより、遊びの一環として追いかけている。

いいことが起こる言葉は決して聞き逃さない

【かわいいと言われて振り向く】

「かわいい」と声をかけられてうれしそうに振り向いたり、「散歩」と言うと興奮して玄関に直行したり。犬と暮らしていると、人間の言葉を理解しているように感じられることがあります。

実際には言葉の意味を理解するというよりは、その言葉が発せられたときのトーンや、その後に起こるできごととセットで覚えています。「言われてうれしい言葉」として認識し、決して聞き逃すことはありません。他にも、「おやつ」「いいこ」「ただいま」など犬にとって喜ばしいことが起こる言葉は、反応しやすいといえるでしょう。

165組の犬と飼い主を対象に、様々な英単語を話しかけて反応した単語を特定する研究では、平均89種もの単語を理解しているという結果が出ました。名前の他、「おすわり」「おいで」「いいこ」「待て」「だめ」「OK」などの単語には、90%以上の犬が反応を示したといいます。

「かわいい」が聞こえると
思わず反応する。

飼い主の声や態度も相まって「いい言葉」と判断する

まずは愛着関係にある飼い主からの声かけによって、言葉を覚える。
「いいことが起こる言葉」と認識して覚えると、
他の人から異なるシチュエーションで発せられた言葉にも反応するように。

「かわいい」という言葉だけでなく、その言葉を発するときの飼い主の様子も手がかりに。機嫌の良い声の調子や笑顔、なでたり抱きしめるといった行動から、いいことが起こる言葉と条件付けて覚える。

ADVICE

同じ意味を持つ言葉でも 発音が異なれば理解はできない

犬は言葉の意味を理解しているわけではありません。覚えている言葉でも、別の言い方をしたり、発音やイントネーションを変えたりするとわからなくなります。指示や声かけは同じ言葉で繰り返した方が覚えやすいのです。

ちなみに、似ている単語の微妙な違いを聞き分けることも難しいといわれています。「かわいい」を覚えて反応する場合は、発音が似ている意味のない単語（「たわいい」など）にも同じような反応を示すと考えられます。

【女性の方が好かれる？】

体つきや声を参考に判断。威圧感のある相手は緊張する

性別に関わらず、女性より男性を苦手とする犬は多いものです。実際に、犬は女性より男性に対してよく吠え、より多く攻撃や防御のしぐさを見せるといわれています。また、犬の脳の働きを分析した研究結果によると、男性に話しかけられたときに比べて女性に話しかけられたときの方が、より高い感度を見せることがわかっています。

一般的に女性は男性より身体が小さくて声が高く、立ち居ふるまいも穏やか。威圧感を与えにくく、警戒されにくいのだと考えられます。

また、犬との触れ合いによって高まる幸せホルモン（p40）は女性の方が出やすく、結果的により犬をかわいがる傾向があることや、女性の方が犬の感情を読み取る力に長けているという報告もあります。甘えやすくコミュニケーションを取りやすい相手として認識しているのかもしれません。

大きな声で見下ろしてくる相手は苦手。

飼い主を基準にすることも。見慣れない相手は警戒

性別に関わらず、見慣れない相手を苦手とする場合も。
もっとも信頼する飼い主を基準として、
見た目や様子がかけ離れた人物に警戒心を抱きます。

【 身体や声の大きな人 】

大柄で、声も低くて大きく、威圧感のある人の場合、恐怖や警戒の気持ちを抱くことが多い。

【 子どもや老人など 】

子どもの予測不能な動きや声が苦手だったり、老人の緩慢な動作に対して見慣れないがゆえに警戒する犬もいる。

【不審な人物】

明らかにおかしな服装や挙動不審な様子は、犬にとっても警戒の対象になる。自らの縄張りに入れば攻撃も。

ADVICE

なぜか好かれる「犬たらし」に共通する条件とは

犬によっては男性の方が好きだったり、自分と性別が異なる人間を好むことも。犬の好みは様々ですが、好かれる人には共通の条件があります。

それは、犬のアクションを待って適切な行動ができること。初対面でむやみになでたり遊ぼうとしたりせず、まずは犬が自分に興味を持つことを待てる人だと、犬も安心して付き合うことができます。さらに「なでて」「遊ぼう」という要求があれば、見逃さずに応えてあげることで好感が高まります。

【著者】
菊水健史（きくすい・たけふみ）

麻布大学獣医学部動物応用科学科教授
鹿児島県生まれ。東京大学農学部獣医学科卒業。東京大学大学院農学生命科学研究科（動物行動学研究室）助手を経て、麻布大学獣医学部動物応用科学科教授、博士（獣医学）。専門は動物行動学。主な著書に『いきもの散歩道』（文永堂出版）、『犬と猫の行動学』（共著、学窓社）、『脳とホルモンの行動学』（共著、西村書店）、『犬のココロを読む』（共著、岩波書店）、『ヒト、イヌと語る』（共著、東京大学出版会）など多数。

〈参考文献〉
『ドメスティック・ドッグ　その進化・行動・人との関係』（チクサン出版社）
『愛犬家の動物行動学者が教えてくれた秘密の話』（エクスナレッジ）
『犬の写真図鑑 DOGS　オールカラー世界の犬 300』（日本ヴォーグ社）
『犬の能力 素晴らしい才能を知り、正しくつきあう（ナショナルジオグラフィック別冊）』（日経ナショナルジオグラフィック社）
『犬はあなたをこう見ている 最新の動物行動学でわかる犬の心理』（河出書房新社）
『いぬほん 犬のほんねがわかる本』（西東社）
『オオカミと野生のイヌ』（エクスナレッジ）
『気持ちを知ればもっと好きになる！ 犬の教科書』（ナツメ社）
『最新　イヌの心理』（ナツメ社）
『新装版 犬の行動と心理』（築地書館）
『全犬種標準書第 12 版』（ジャパンケネルクラブ）
『ヒト、イヌと語る コーディーと K の物語』（東京大学出版会）

最新研究で迫る 犬の生態学

2024年1月31日　初版第一刷発行

著　者　菊水健史
発行者　三輪浩之

発行所　株式会社エクスナレッジ
〒106-0032　東京都港区六本木7-2-26
https://www.xknowledge.co.jp/
問合先　編集 TEL 03-3403-6796　FAX 03-3403-0582
販売 TEL 03-3403-1321　FAX 03-3403-1829
info@xknowledge.co.jp